Arduino
硬件编程快速入门与综合实战

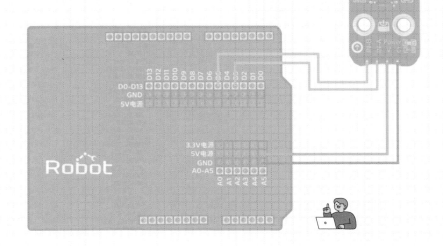

Robot

曹景胜
史英杰 | 编著
孙雪娇

化学工业出版社
·北京·

内容简介

本书是青少年学习 Arduino 编程、创造科技作品的快速入门书籍，通过循序渐进的实战项目设计，引导青少年动手做项目，锻炼逻辑思维能力，提高科学素养。内容主要包括电子电路常识、Mind+ 图形化编程方法与 Arduino UNO 主控板等基础知识，以及基于 Arduino UNO 主控板的控制实现，简单电子元器件如 LED 灯的控制、超声波测距等传感器模块控制、电机驱动等执行器模块控制、数码管显示等显示器模块控制，并通过智能节能风扇、智能火灾报警系统和智能倒车雷达等 3 个综合项目，带领读者领悟 Arduino 在智能控制方面的应用，锻炼分析问题、解决实际问题的能力。

本书适合作为中小学科技教育课程教材以及编程教育培训机构的教学用书，也可供 Arduino 初学者和爱好者学习。

图书在版编目（CIP）数据

Arduino 硬件编程快速入门与综合实战 / 曹景胜，史英杰，孙雪娇编著. -- 北京：化学工业出版社，2024.12. -- ISBN 978-7-122-46543-6

Ⅰ. TP368.1

中国国家版本馆 CIP 数据核字第 2024TS3581 号

责任编辑：于成成
文字编辑：袁玉玉　袁　宁
责任校对：李　爽
装帧设计：王晓宇

出版发行：化学工业出版社
　　　　　（北京市东城区青年湖南街 13 号　邮政编码 100011）
印　　装：中煤（北京）印务有限公司
787mm×1092mm　1/16　印张 11½　字数 200 千字
2025 年 3 月北京第 1 版第 1 次印刷

购书咨询：010-64518888　　　　　售后服务：010-64518899
网　　址：http://www.cip.com.cn

凡购买本书，如有缺损质量问题，本社销售中心负责调换。

定　　价：88.00元

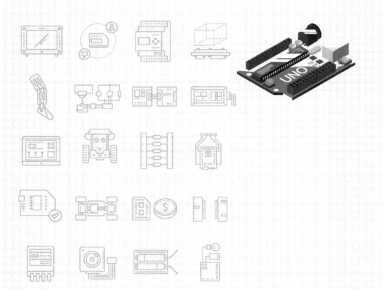

前言 PREFACE

在当前中小学探索"项目化学习"的背景下，Arduino 作为一款开源电子原型平台，可通过编程实现丰富多样的交互设计，帮助青少年提升技术意识、培养创新思维和锻炼动手能力，是开展"项目化学习"的优秀载体。

本书基于 Arduino 开源硬件和 Mind+ 图形化编程软件，遵循以项目为导向，在实践中学习的原则，详细讲解电子电路基础、外围硬件理论和应用、电路搭建与硬件连接、图形化编程等知识，并通过丰富智能控制案例，带领读者动手实践，是青少年学习 Arduino 编程的快速入门书籍。

全书共 23 章，分为 4 个部分。

第 1~3 章为快速入门部分，主要讲述电学常识和基本电子电路知识、Arduino 基础知识、Mind+ 图形化编程方法。第 4~12 章为基础学习部分，介绍了简单电子元器件（LED 灯、按钮、RGB LED 灯、电位器、舵机等）的基本原理和使用方法，以及通过电路搭建和图形化编程实现 Arduino UNO 主控板控制简单电子元器件运行的过程和原理。第 13~20 章为进阶提高部分，讲述了常用传感器模块（环境亮度传感器、火焰传感器、超声波测距模块、红外避障传感器等）、常用执行器模块（蜂鸣器电子积木、电机驱动模块）、常用显示器模块（LED 灯电子积木、数码管显示模块）的基本理论、电路图、引脚参数、实物尺寸和使用方法，以及通过硬件连接和图形化编程实现 Arduino UNO 主控板控制常用传感器模块、常用执行器模块、常用显示器模块运行的过程和原理。第 21~23 章为综合实战部分，针对当前的科技趋势和需求热点，通过智能节能风扇、智能火灾报警系统、智能倒车雷达三个精心设计的智能硬件综合项目，深入探讨 Arduino 在智能控制方面的应用，提高学习者分析和解决实际问题的能力。

本书具有以下特色：

① 书中使用了大量的软硬件设计、元器件的实物彩图，直观通俗，便于青少年快速入门。

② 本书提供每章的硬件单元项目以及综合实战项目图形化程序（可前往 https：//www.cip.com.cn/Service/Download 搜索本书书名下载），同时本书为每个项目配备了演示视频，读者扫描二维码即可观看操作视频。

③ 针对当前的科技趋势和需求热点，本书设计了 3 个综合性 Arduino 智能硬件项目，便于提升青少年读者的应用水平和创新能力。

本书由辽宁工业大学曹景胜副教授、海南热带海洋学院史英杰老师、辽宁省锦州市国和小学孙雪娇老师编著。本书在编写过程中得到辽宁省锦州市实验学校张小鹏老师、辽宁工业大学徐肖老师、沈阳工业大学博士研究生王伟的帮助，在此向他们表示感谢！

感谢化学工业出版社的大力支持，希望本书的出版发行，对中小学开展普惠式"项目化学习"有所助益。

开源硬件领域是不断发展的，加之作者水平有限，书中难免会有一些不足之处，恳请广大读者批评指正。

编著者

目录

第 3 篇

进阶提高篇 ································· 083

第1篇
电子电路常识

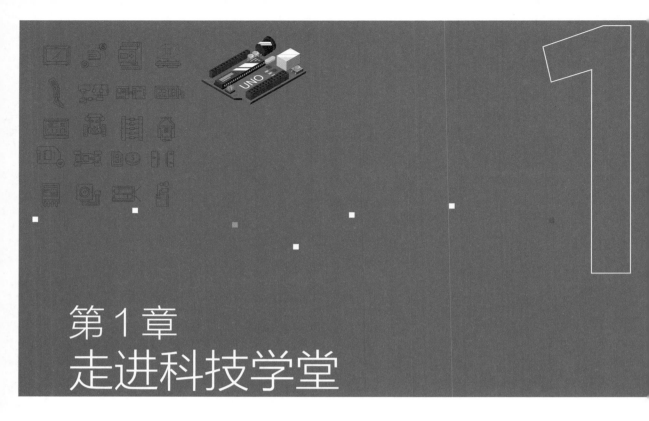

第1章
走进科技学堂

机器人技术是衡量一个国家科技创新水平的重要依据。大力推动机器人技术创新与行业发展，关键在于人才的培养。少年强，则中国强。机器人作为全新的载体，其相关技术具有独特的教育价值，它不仅能让更多的青少年了解智能化技术的发展，掌握智能硬件与软件的基础技术，更能催生丰富的实践活动，让中小学生在创新中学习，在实践中成长。

本章以"走进科技学堂"为起点，介绍电子科技领域的基本概念、原理定律等基础知识，为快速入门 Arduino 硬件编程打下良好的基础。

电学发展

1748 年，美国科学家本杰明·富兰克林发现了正、负电荷，且两者数量是守恒的，从而发现了电流。1752 年，他进行了一项著名的实验，即在雷雨天气中放风筝（图 1-1），并在此基础上发明了避雷针。

图 1-1　富兰克林风筝实验

　　1831 年，英国物理学家迈克尔·法拉第（图 1-2）首次发现电磁感应现象，1831 年，法拉第发明了圆盘发电机，是人类创造出的第一个发电机。由于其在电磁学方面做出了伟大贡献，他被称为"电学之父"。

图 1-2　迈克尔·法拉第

　　美国发明家托马斯·阿尔瓦·爱迪生（图 1-3）是科技历史中著名的天才之一，拥有多项发明，其四大发明，即留声机、电灯、电力系统和有声电影，丰富和改善了人类的文明生活。爱迪生一生共获一千多项发明专利。

图1-3　托马斯·阿尔瓦·爱迪生

1.2

电路基本概念

　　由金属导线、电源以及电子部件组成的导电回路，称为电路。如图1-4所示，电路中必不可少的四个组成部分为电源、负载、导线和开关。

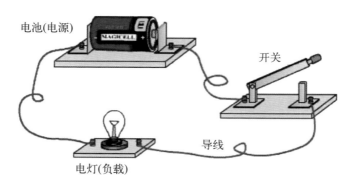

图1-4　电路示意图

　　① 电源　是提供电能的装置，常用的干电池、充电电池、发电机等都是电源。

　　② 负载　是消耗电能的装置，比如电灯、电动机、家用电器等。

③ 导线　一般也叫电线，它的作用是将电路各部分连接起来形成回路，导线一般为铜线。

④ 开关　开关的作用是控制整个电路接通和断开，例如家里电灯的开关、电脑的开关、电风扇的开关等。

用符号表示电路中的各个部分，形成如图 1-5 所示的电路图。

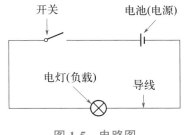

图 1-5　电路图

在电学中，容易导电的物体叫做导体，如金属、人体、铅笔芯、大地等。不容易导电的物体叫做绝缘体，如橡胶、陶瓷、塑料等。在图 1-5 的电路中，当开关按下时，电池与电灯接通，此时电灯点亮；当开关断开时，电池与电灯不接通，此时电灯熄灭。为什么会产生这样的现象呢？原因是电源两端产生电压，在导线上形成电流，有电流流过，电灯就会点亮，电压是形成电流的原因。下面对电流、电压、接地端、信号等重要的电学概念进行介绍。

① 电流　与水的定向流动形成水流相似，导体中的自由电子定向流动形成电流。电流的单位为安培（ampere，简称 A）。在图 1-5 中，当开关闭合，电源产生电压，电流从电源的正极出发，流过电灯的灯丝，最后流回电源的负极，形成一个完整的电流通路时，电灯才能点亮发光，如图 1-6 所示。

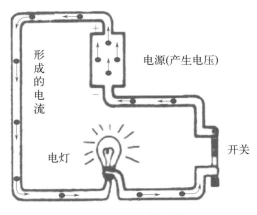

图 1-6　电流的形成

在电路中，电流是沿着"电源正极→用电器→电源负极"的方向流动，而在电源内部，电流是沿着"电源负极→电源正极"的方向流动。

② 电压　与水流的形成需要水压，抽水机工作使得水路中形成稳定水压保证水流得以持续的原理相类似，电流的形成需要电压，电源的作用是在电路中产生一个稳定的电压，从而使得电流得以持续。电压单位为伏特（volt，简称 V）。

Arduino UNO 主控板的工作电压是 5V，此外该主控板还提供 5V 以及 3.3V 的电压输出。日常生活中常见的电压有：

a. 一节干电池电压为 1.5V；

b. 电脑 USB 接口输出电压为 5V；

c. 人类安全电压为 36V 以下；

d. 我国家用电压为 220V。

③ 接地端　接地端（ground，简称 GND）代表地线，一般情况下，接地端位于电源（例如电池）负极。在电路图中，接地端常用符号 ⊥ 表示。

④ 信号　信号（single）是反映信息的物理量，自然界中常见的信号有温度、压力、流量等。在电路中，可以通过传感器将各种非电的物理量转换成容易传送和控制的电压、电流等电信号，所以电信号是目前应用最广泛的信号之一。在电路中，一般将信号分为模拟信号与数字信号。

a. 模拟（analog）信号：在时间和数值上均具有连续性的信号，大多数的自然界信号均为模拟信号，例如气温、光照强度、水龙头的流量等。电路中常见的模拟信号有模拟电压信号（图 1-7）、模拟电流信号等。

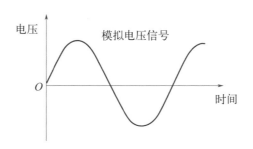

图 1-7　模拟电压信号

b. 数字（digital）信号：在时间和数值上均具有离散性的信号，数字信号一般通过模拟信号转换而来，如电路中的数字电压信号（图 1-8）是由模拟电压信号转换而来的。数字信号只有两个值，常用数字 0 和 1 来表示，这里的 0 和 1 没有大小之分，只代表两种对立的状态，称为逻辑 0 和逻辑 1，也称为二值数字逻辑。

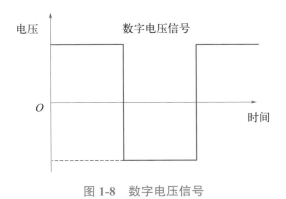

图 1-8　数字电压信号

串联和并联

（1）串联电路

当一个电路中有两个或者多个用电器时，它们有不同的接法。一种叫做串联，就是电路中各元器件被导线首尾依次连接起来。图 1-9 所示为串联电路，图 1-10 所示为串联电路符号图。

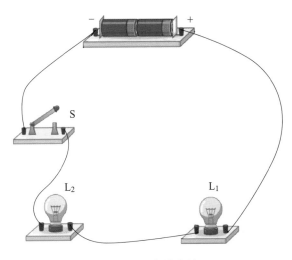

图 1-9　串联电路

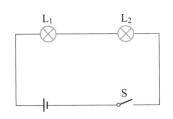

图 1-10　串联电路符号图

串联电路特点：

① 串联电路只有一个回路；

② 串联电路电流处处相等；

③ 串联电路总电压等于各个负载端电压之和；

④ 开关在任何位置都控制整个电路；

⑤ 串联电路中只要有一处断开，那整个电路就成为断路，所有电子元件不能正常工作。

（2）并联电路

另一种电路接法叫做并联，就是电路中两个同类或不同类的元器件首首连接，同时尾尾连接到一起。 图 1-11 所示为并联电路，图 1-12 所示为并联电路符号图。

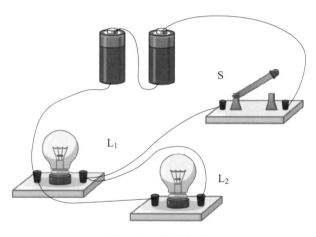

图 1-11　并联电路

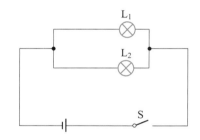

图 1-12　并联电路符号图

并联电路特点：

① 并联电路有多个回路；

② 并联电路干路总电流等于支路电流之和；

③ 并联电路各支路两端电压相等；

④ 并联电路中干路开关控制整个电路，支路开关只控制与其串联的元件；

⑤ 并联电路中如果支路有一处断开，则其他支路正常工作；若干路上有一处断开，则整个电路断路。

欧姆定律

（1）电阻和电阻器

电流通过导体时，会受到一定的阻碍，不同导体阻碍电流通过的能力不同。与水流流经水管类似，水管内壁光滑程度不同，水流的流量也会不同，我们用"电阻"这个概念表示导体阻碍电流通过的能力大小，电阻的单位是欧姆（符号 Ω）。

具有不同电阻值的电子元器件叫做电阻器，通常简称为电阻。电阻器没有正负极性之分，在电路图中，电阻器的符号如图 1-13 所示。

电阻器有很多不同的材质和外形，本书采用的电阻器是普通金属膜电阻器，其实物图如图 1-14 所示。

$$\begin{array}{c} \text{───▭───} \\ R \end{array}$$

图 1-13　电阻器符号

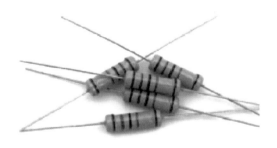

图 1-14　电阻器实物图

由于金属膜电阻器体积都很小，为了清晰标注电阻值，一般通过色环来表示其电阻值大小，每一种颜色对应一个数字，常见有"四色环"和"五色环"表示法（图 1-15）：

① "四色环"法：电阻前二环为数字，第三环表示阻值倍乘的数，第四环为误差（金色或银色，如无第四条色环，误差就是 20%）；

② "五色环"法：电阻前三环为数字，第四环表示阻值倍乘的数，最后一环为误差。误差通常是金色、银色和棕色，金色的误差为 5%，银色的误差为 10%，棕色的误差为 1%，无色的误差为 20%。

由于电阻色环法需要记忆和手动计算，比较麻烦。当前许多电脑网页或者手机 App 都提供电阻查询和计算功能，大家可以使用它们快速和方便地计算电阻大小。

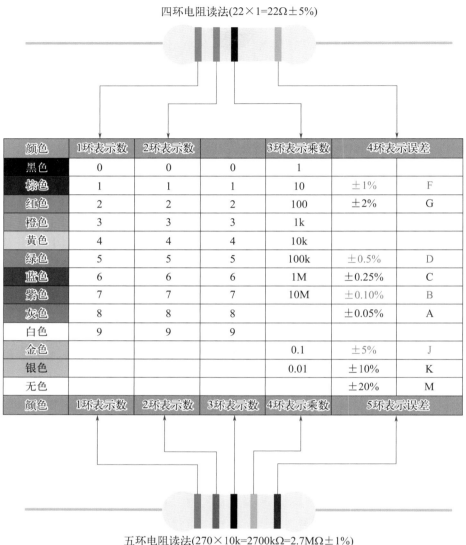

四环电阻读法(22×1=22Ω±5%)

颜色	1环表示数	2环表示数		3环表示乘数	4环表示误差	
黑色	0	0	0	1		
棕色	1	1	1	10	±1%	F
红色	2	2	2	100	±2%	G
橙色	3	3	3	1k		
黄色	4	4	4	10k		
绿色	5	5	5	100k	±0.5%	D
蓝色	6	6	6	1M	±0.25%	C
紫色	7	7	7	10M	±0.10%	B
灰色	8	8	8		±0.05%	A
白色	9	9	9			
金色				0.1	±5%	J
银色				0.01	±10%	K
无色					±20%	M
颜色	1环表示数	2环表示数	3环表示数	4环表示乘数	5环表示误差	

五环电阻读法(270×10k=2700kΩ=2.7MΩ±1%)

图 1-15   电阻色环图

（2）什么是欧姆定律

1826 年德国物理学家欧姆发现了著名的欧姆定律。在同一个电路中，通过某一导体的电流跟这段导体两端的电压成正比，跟这段导体的电阻成反比，这就是欧姆定律。其公式为

$$I = \frac{U}{R} \tag{1-1}$$

式中，I 为电流符号；U 为电压符号；R 为电阻符号。

（3）电路短路与开路

① 电路短路：如图 1-16 所示，电源与地（或者电池正负极）之间不通过任何元器件，只通过导线连接到一起，形成电路短路。短路时因电路中没有其他元器件，电阻值很低，根据欧姆定律，短路电流将很大，严重时会烧坏电源或设备。因此，在连完导线加电前，要仔细检查线路连接，确保电路中电源与地间没有短路。

图 1-16　电路短路示意图

② 电路开路：也叫断路，如图 1-17 所示，电路中开关没有闭合或者是某个地方导线没有接通，导致电流无法正常通过，电路中的电流为零。

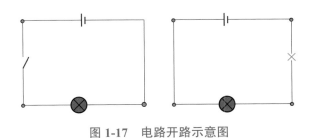

图 1-17　电路开路示意图

简单电路

通过自己动手搭建电路，闭合开关，点亮灯泡能让我们更直观地观察电路现象。简单电路实物图如图 1-18 所示。

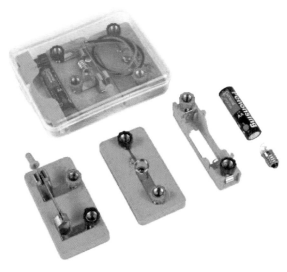

图 1-18   简单电路实物图

该电路具体配件清单如图 1-19 所示。快来动手实践一下吧。

简单电路演示

7.5cm×4cm
灯座×1

8cm×2cm
五号电池盒×1

单刀开关×1

长约25cm
导线×3

电池×1

灯泡×1

图 1-19   简单电路配件清单

第 2 章
初识 Arduino

Arduino 是什么

    Arduino 是一套便捷、灵活、容易上手的开源硬件开发平台，它包括多种型号的 Arduino 控制电路板和专用编程开发软件（Arduino IDE）。Arduino 省略了很多烦琐的底层开发，让人们可以专注在功能实现，快速地开发出智能硬件原型。

    把 Arduino 想象成一台电脑，这台电脑有主机（负责数据处理运算和协调各个设备），有接收操作的输入设备（如按钮、传感器等），有执行命令的输出设备（如蜂鸣器、电机、机器人、3D 打印机、穿戴设备等）。这些元件组合在一起，就变成了一个微型的智能硬件系统，我们就可以自己制作智能硬件。

    二十世纪八十年代，STEM 教育理念被提出并得到发展，STEM 是科学

（science）、技术（technology）、工程（engineering）、数学（mathematics）的首字母。STEM 有别于传统的单学科、重书本知识的教育方式，其鼓励中小学生在科学、技术、工程和数学领域的发展和提高，培养中小学生的综合素养，从而提升其科技创新竞争力。STEM 教育将科学技术工程和数学等多方面的内容与教育进行融合和贯通，强调知识的获取、方法与工具的应用、创新生产的过程。Arduino 编程语言简洁，且支持多种图形化编程工具，很快就成为青少年 STEM 教育的极佳载体。图 2-1 所示是青少年 STEM 教育常用的教学载体——Arduino 教育编程机器人。

图 2-1　Arduino 教育编程机器人

认识 Arduino UNO

先来认识一下 Arduino 经典型号——UNO 主控板（图 2-2）。该主控板包含三大部分：单片机（即单片微型计算机，又称微控制器，MCU）、电源接口和扩展引脚。

（1）单片机

Arduino UNO 主控板采用的是爱特梅尔（Atmel）公司生产的 ATmega328P 系列单片机。

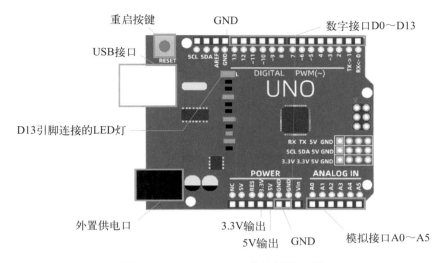

图 2-2　Arduino UNO 主控板接口图

（2）电源接口

Arduino UNO 主控板的电源供电方式有四种：第一种通过 USB 接口直接供电；第二种通过 DC 电源接口（外置供电口）进行供电；第三种通过主控板上"5V"引脚供电；第四种通过主控板上"Vin"引脚供电。

① USB 接口：将 USB 数据线方头端连到 Arduino UNO 主控板的方头 USB 接口上，将 USB 数据线另一端（A 型 USB 口）连接到台式电脑或者笔记本电脑的 USB 口上，此时给主控板提供 5V 的工作电压。此种供电方式在学习过程中最常用。

② DC 电源接口（外置供电口）：外部提供一个 7~12V 的直流电源，给主控板提供 5V 的工作电压。

③ 主控板"5V"引脚：外部提供一个标准 5V 的直流电源连接到主控板"5V"引脚，给主控板提供 5V 的工作电压。

④ 主控板"Vin"引脚：外部提供一个 7 ～ 12V 的直流电源连接到主控板"Vin"引脚，给主控板提供 5V 的工作电压。

（3）扩展引脚

Arduino UNO 主控板的扩展引脚包含如下：

① 数字接口 D0 ～ D13：具有数字信号的输入输出功能，一般在数字引脚前加上 D，写成 D0 ～ D13 数字口。其中 D3、D5、D6、D9、D10 和 D11 这 6 个引脚标识有"～"符号，说明这 6 个引脚还具有 PWM 功能，这些引脚可输出 0 ～ 255 范围内的数值。D0 和 D1 数字接口同时具备串口通信功能，这两个引脚通过主控板内部电路与"USB 转串口芯片"相连，用于电脑向主

控板上传程序、发送串口监视数据或与其他设备进行串口通信。D2 和 D3 数字接口同时具备外部中断功能。D10 ～ D13 数字接口可用于 SPI 通信。

② 5V 输出：表示该引脚为 5V 输出引脚（类似电池的正极），主控板上所有表示为 5V 的引脚都是导通的。

③ 3.3V 输出：表示该引脚为 3.3V 输出引脚（类似电池的正极），主控板上所有表示为 3.3V 的引脚都是导通的。

④ GND 引脚：表示该引脚为接地引脚（类似电池的负极），主控板上所有表示为 GND 的引脚都是导通的。

⑤ 模拟接口 A0 ～ A5：具有模拟信号的输入功能，默认输入信号为 0 ～ 5V，这些输入引脚可输入 0 ～ 1024 范围内的数值。A4、A5 同时可被用于 TWI 通信（兼容 I2C 通信），A0 ～ A5 引脚也可以作为数字引脚使用，引脚号分别对应 D14 ～ D19。

⑥ 重启按键：重启引脚处焊接一个按钮，当按下该按钮时，UNO 主控板重新启动运行。

另外，在 Arduino UNO 主控板上，"L" 是接在数字口 13 上的 LED 灯，在下面章节中会举例说明如何点亮这个 LED 灯。本书基于 Arduino UNO 主控板，进行各个项目硬件资源学习和程序编写。

由于 Arduino 硬件编程需要连接各种各样的传感器、显示器、执行器，因此，在 Arduino UNO 主控板基础上，需要使用扩展板。扩展板上具有更为丰富的电源（5V、3.3V）引脚、地线引脚、数字引脚和模拟引脚等，满足 Arduino 创作有趣作品的需求。本书使用的是作者自主研发的扩展板，其示意图及实物图分别如图 2-3、图 2-4 所示。

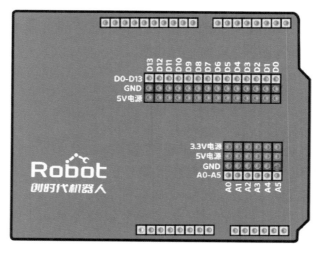

图 2-3　Arduino 扩展板接口示意图

图 2-4 Arduino 扩展板实物图

项目所用的电子元器件

创新能力是构建未来世界的基本能力，对于中小学生来说，Arduino 开源硬件无疑是合适的科技创新平台，其支持依据现代数字科技和技术，创造出完整的智能作品。"工欲善其事，必先利其器"，本书项目所用的电子元器件清单如表 2-1 所示。

表2-1　本书项目使用的电子元器件清单

序号	配件名称	序号	配件名称
1	Arduino 主控板	7	绿色 LED 灯
2	扩展板	8	黄色 LED 灯
3	USB 数据线	9	RGB LED 灯
4	大面包板	10	按钮
5	小型电路套装	11	按钮帽
6	红色 LED 灯	12	10kΩ 电位器

续表

序号	配件名称	序号	配件名称
13	220Ω 电阻	21	直流电机
14	小型舵机	22	风扇扇叶
15	LED 灯电子积木	23	超声波测距模块
16	有源蜂鸣器电子积木	24	四位数码管显示模块
17	环境亮度传感器	25	小颗粒积木套装
18	火焰传感器	26	彩色杜邦线（公对公）
19	红外避障传感器	27	彩色杜邦线（母对母）
20	电机驱动模块		

Arduino 主控板及其他电子元器件使用注意事项

　　本书使用的 Arduino 主控板没有外壳，因此若将 Arduino 主控板底部放到金属介质面上，引脚很容易触碰到导体而引起短路，损坏 Arduino 主控板。因此，要特别注意，不要将 Arduino UNO 主控板底部（背面）放到金属介质面上，必须放到木质或者塑料桌面等非金属介质面上。Arduino UNO 主控板与扩展板连接图如图 2-5 所示。

　　由于 Arduino UNO 主控板和其他电子元器件的引脚和焊点直接裸露在外，因此在拿取 Arduino UNO 主控板及其他电子元器件或者模块时，应尽量不要触碰到引脚和焊点，尤其是冬天，气候比较干燥，身体上的静电可能会损坏 Arduino UNO 主控板和电子元器件上的集成电路。在拿取电子元器件时，一般抓取元器件的非金属部分。

　　此外，在操作电路时，应尽量避免在工作区域放置水、饮料等液体，万一打翻或者滴洒在电子元器件上，可能会造成短路损坏电路板等损失。

图 2-5 Arduino UNO 主控板与扩展板连接图

使用 Arduino UNO 主控板及其他电子元器件学习搭建电路时，应该注意如下事项：

① 不得带电插拔元器件，必须先关闭电源，然后再进行元器件的插拔操作。

② 在电路搭建完后，连接电源前，要先仔细检查导线连接，避免电路短路，避免元器件正负极接反造成电路损坏。

Arduino 及注意事项介绍

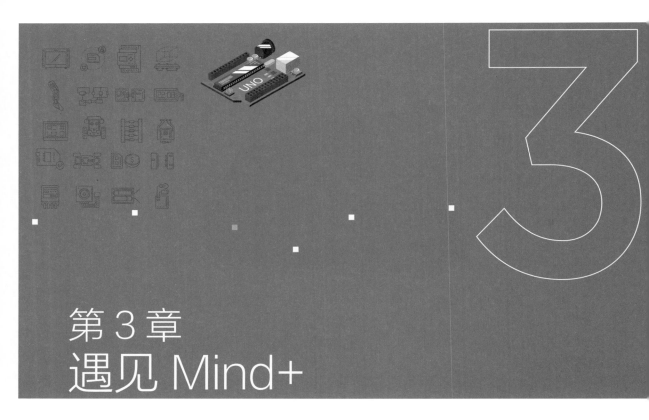

第3章
遇见 Mind+

　　随着 Arduino 开源硬件的流行，Arduino 也逐渐走入校园，早期的 Arduino 编程软件须采用类似 C/C++ 语言来进行编程，对于中小学生来说，编程门槛比较高。在此背景下，针对青少年的图形化编程语言，如 Scratch 等开始兴起，现阶段国内中小学生基本都是从 Scratch 这种图形化编程开始进入编程领域的，并且出现了方便中小学生学习的采用图形化编程来实现对硬件控制的软件。

　　Mind+ 就是这样的软件。Mind+ 编程软件是国内最早的简单直观、易使用的图形化编程软件之一，是一款基于 Scratch 3.0 开发的青少年编程平台（对于会用 Scratch 编程的人来说，Mind+ 编程非常容易上手），它支持 Arduino、 micro: bit 等各种开源硬件，只需要拖动图形化程序块即可完成编程，进而操作控制各种硬件，让使用者快速实现自己的科技创意。同时 Mind+ 编程软件拥有强大的硬件扩展功能库，直接使用即可对上百种常用硬件模块，包括各种传感器、执行器、通信模块、显示器、功能模块进行编程控制。因此本书项目程序编写基于 Mind+ 编程软件。

Mind+ 下载与安装

（1）下载 Mind+ 编程软件

在电脑端打开 Mind+ 官方网页进行下载，如图 3-1、图 3-2 所示。

图 3-1　Mind+ 网站界面

图 3-2　Mind+ 编程软件的下载界面

在下载完成后，由于软件为免安装版，如图 3-3 所示，在解压缩后的文件夹中直接双击软件"Mind+.exe"图标即可进行编程。注意：本书的程序使用的是"Mind+ V1.8.0 RC3.0"版本，大家可以使用最新版本的 Mind+ 编程软件。

Mind+.exe

图 3-3　Mind+ 编程软件图标

（2）安装驱动

驱动安装有 2 种操作方法。

① 如图 3-4、图 3-5 所示，点击 Mind+ 主界面上的"教程"→"视频教程"按钮，打开视频教程，点击"安装驱动"教程视频，打开课程视频悬浮窗，根据视频一步一步完成驱动安装，只需安装一次，再次打开 Mind+ 编程软件无需安装。

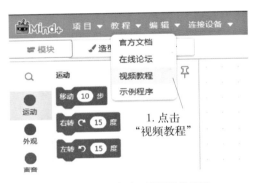

图 3-4　点击"视频教程"

图 3-5　观看"安装驱动"视频进行安装

② 如图 3-6 所示，也可以点击 Mind+ 编程软件主界面上的"连接设备"→"一键安装串口驱动"菜单项，根据弹出的界面提示一步一步完成驱动安装，只需安装一次，再次打开 Mind+ 编程软件无需安装。

图 3-6　点击"一键安装串口驱动"进行安装

（3）切换"上传模式"

本书所有 Arduino 硬件编程项目程序均在 Mind+ 编程软件的"上传模式"下编写，点击 Mind+ 主界面右上角"上传模式"按钮，可切换为"上传模式"主界面，如图 3-7、图 3-8 所示。

图 3-7　点击"上传模式"进行切换界面

图 3-8　"上传模式"主界面

Mind+ 界面介绍

如图 3-9 所示为下载安装并切换到"上传模式"界面之后的 Mind+ 编程界面。

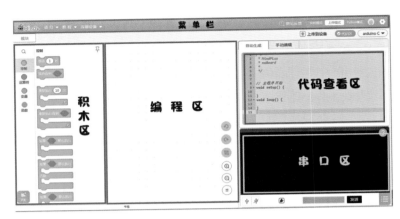

图 3-9 "上传模式"下的 Mind+ 主界面

如果把整个软件比作一个舞台的话，那么不同区域的功能是什么呢？

（1）菜单栏

它是用来设置软件的区域，这里就是整个"舞台"的幕后，没有菜单栏的帮助，连"上台表演"的机会都没有。那么"舞台"的幕后都有什么呢？

① "项目"菜单：可以新建项目、打开项目、保存项目。

② "教程"菜单：在初步使用时，可以在这里找到想要的教程和示例程序。

③ "连接设备"菜单：能检测到连接的设备，可以选择连接或是断开设备。

④ "实时模式 / 上传模式 /Python 模式"按钮：切换程序执行的模式。"实时模式"是类似 Scratch 软件的舞台编程界面；"上传模式"是 Arduino 硬件编程界面；"Python 模式"是使用 Python 语言的编程界面。

（2）积木区

这里是"舞台"的"道具"区，为了完成各种眼花缭乱的"动作"，需要很多不同的"道具组合"。在"扩展"里，可以选择更多额外的道具，支持各种硬件编程。"积木区"又称为"指令区"。

（3）编程区

这里是"舞台表演"的核心，所有的"表演"都会按照"编程区"的指令行动，拖拽"积木区"的积木就能在此编写程序。

（4）代码查看区

如果想弄清楚"编程区"图形化积木的代码究竟是什么意思，这里是个好地方。大家还能在"手动编辑"子菜单中通过键盘输入代码。

（5）串口区

想知道"表演"的效果如何，那必须要和"观众"互动，串口区能够实现各种"互动"功能。这里能显示下载状况，比如可以看到程序有没有成功下载，哪里出错了；能显示程序运行状况；还能显示串口通信数据。这里还有串口开关、滚屏开关、清除输出等功能。

Arduino UNO 主控板入门

熟悉了 Mind+ 编程平台后，下面开始 Arduino 硬件编程入门学习，实现效果为：Arduino UNO 主控板上"L"灯 1 秒间隔闪烁。首先，准备 Arduino UNO 主控板、USB 数据线等，然后将 USB 数据线方头端连到 Arduino UNO 主控板的方头 USB 口上，将 USB 数据线另一端（A 型 USB 口）连接到台式电脑或者笔记本电脑的 USB 口上，具体硬件连接图如图 3-10 所示。

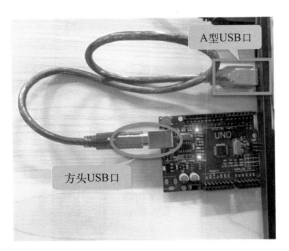

图 3-10　电脑、主控板与 USB 数据线连接图

按如下编程步骤，准备编写、上传程序到设备（Arduino UNO 主控板）。

① 如图 3-11 所示，双击电脑桌面上的图标，打开 Mind+ 软件，将模式切换到"上传模式"。

图 3-11　双击图标打开 Mind+ 软件，并切换到"上传模式"

② 用 USB 线将 Arduino UNO 主控板和电脑连接，然后再点击"连接设备"，如图 3-12 所示，此时"连接设备"变成了"COM5-CH340"❶。

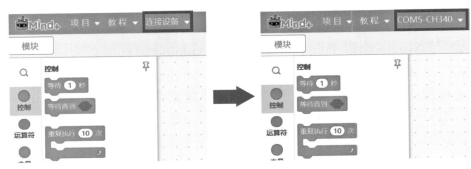

图 3-12　点击"连接设备"后变成"COM5-CH340"

③ 点击主界面左下角"扩展"，选择"主控板"→"Arduino Uno"，如图 3-13 所示。

图 3-13　点击"扩展"并选择"Arduino Uno"主控板

---

❶ "COM5-CH340"中的数字 5 会因电脑 USB 端口不同而出现不同数字，属正常连接。若没出现"COMx-CH340"，应确认主控板电源灯是否点亮及串口驱动是否安装成功。

点击"返回"，回到主界面。如图 3-14 所示，在左侧"积木区"中可以看到，已经加载了若干个 Arduino UNO 主控板编程积木❶。

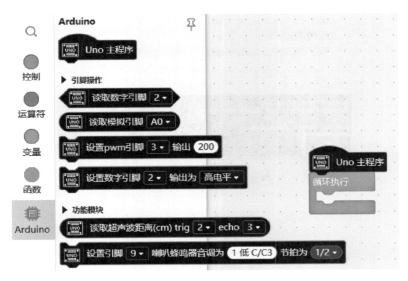

图 3-14　加载的"Arduino Uno"主控板编程积木

④ 编写项目的 Mind+ 程序，如图 3-15 所示。

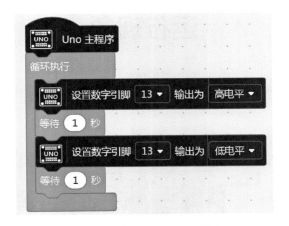

图 3-15　项目的 Mind+ 程序

⑤ 编写好程序后，如图 3-16 所示，单击主界面中的"上传到设备"按钮，将程序上传到 Arduino UNO 主控板上。

---

❶ 每次打开 Mind+ 软件后都要点击"扩展"，添加 Arduino UNO 编程积木，否则会出现找不到 Arduino UNO 编程积木的情况。

图 3-16   点击"上传到设备"且串口区显示"上传成功"

3.4

运行现象

此时，如图 3-17 所示，Arduino UNO 主控板上"L"灯会一亮一灭，进行闪烁。

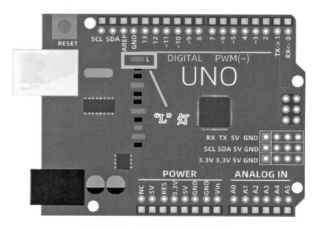

图 3-17   板载"L"灯闪烁

这里使用了如图 3-18 所示的两个常用的积木。

图 3-18　此例中使用的积木

数字输出是 Arduino UNO 主控板对硬件的控制方式之一。它向输出的电路传送数字信号 0 和 1。0 意味着输出低电平，电路不会接通；1 则是输出高电平，电路接通。

"L"灯通过主控板内部电路与 D13 数字接口相连，在上面的程序中，将数字接口 D13 的输出设为"高电平"，则"L"灯便会被点亮。经过 1 秒的延时（在延时过程中，"L"灯保持延时开始时的点亮状态，直到设定的时间结束），D13 的输出设为"低电平"，灯就会熄灭。"L"灯在熄灭 1 秒后又重新亮起来，1 秒后又熄灭，如此重复执行下去，实现 1 秒闪烁的效果。

Arduino UNO
主控板入门
演示

第2篇
基础学习篇

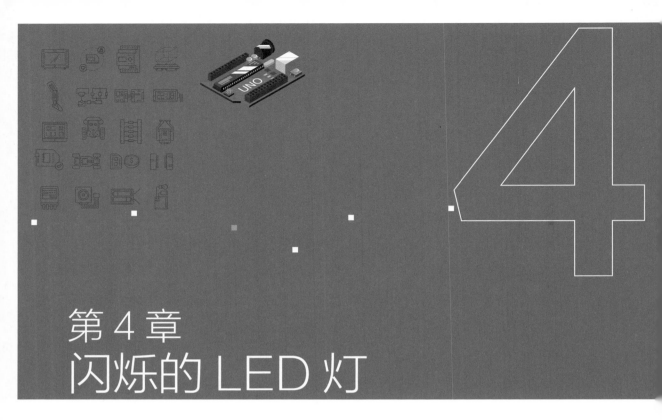

第 4 章
闪烁的 LED 灯

在日常生活中，LED 灯随处可见，例如汽车驾驶室仪表盘上的燃油指示灯、电子油门指示灯、前后雾灯指示灯等。这些 LED 灯起到了指示作用，对异常情况发出警报的灯光信号，在正常情况下又会隐藏于仪表盘中。如何使用 Arduino 让 LED 灯实现类似的效果？下面从闪烁 LED 灯开启 Arduino 学习之旅，通过这个项目，学习 LED 灯的工作原理和硬件电路搭建。在接下来的章节还将学习按钮、蜂鸣器、电位器、舵机、传感器、直流电机、数码管等内容，这对于之后的项目式学习非常重要。在此过程中，我们会使用 Mind+ 图形化编程，编程其实没有想象得那么困难，让我们赶快学习起来吧！

（1）面包板

面包板是一种可重复使用的非焊接线路板，用于进行电路设计。简单地说，面包板表面是打孔的塑料，底部有金属条，可以实现插上即导通。面包板具体该怎么用，要从面包板的内部结构说起。如图 4-1 所示，常见的面包板分上、中、下三部分：上面和下面部分是由 2 行插孔构成的窄条，中间部分是由中间一条隔离凹槽和上下各 5 行的插孔构成的宽条。

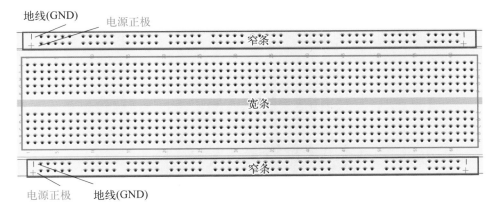

图 4-1　面包板结构示意图

上面和下面部分的窄条，主要是连接电源正极（"+"）和地线（"-"）。窄条每行有 10 组插孔，每 5 个插孔为一组，每一行 10 组插孔内部电气导通，窄条上下两行之间插孔电气不导通。窄条外观和内部结构如图 4-2 所示。

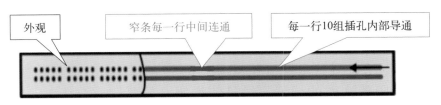

图 4-2　面包板窄条外观和内部结构图

对于中间部分宽条，在同一列中的 5 个插孔是互相连通的，列和列之间以及凹槽上下部分则是不连通的。其外观及内部结构如图 4-3 所示。

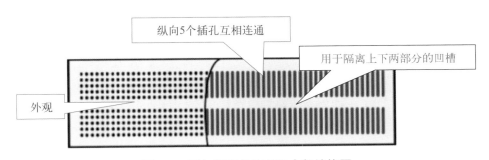

图 4-3　面包板宽条外观和内部结构图

（2）杜邦线

杜邦线是导线的一种，杜邦线端部有两种接头形式，如图 4-4 所示。一种为公头，端部有导线伸出，主要用于与面包板或者主控板相连接；另一种为母头，主要用于与主控板或者扩展板的引脚相连接。在面包板的使用中，与电源正极相连接一般采用红色杜邦线，与地线相连接一般采用黑色杜邦线。

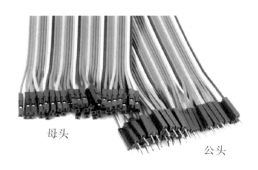

母头

公头

图 4-4 杜邦线公头 / 母头示意图

（3）限流电阻

第 3 章已经介绍了电阻和电阻器的相关知识，电阻器在电路中常用来给其他元器件降电压或者限电流。在本项目中，我们使用了电阻器的限电流作用，该电路中的电阻器称作限流电阻。

如果不连电阻会怎样呢？流过 LED 灯的电流过大，会使 LED 灯烧掉（可以理解为水流过大，导致水管爆破），就会看到有烟冒出并伴随着煳味儿……

这里对电阻值选取的计算不做具体说明，只要知道在接 LED 灯时需要用到一个 220Ω 左右的电阻就可以了。大一点也没关系，但不能小于 100Ω。如果电阻值选得过大的话，LED 灯不会有严重影响，就是会显得比较暗。这很容易理解，电阻越大，限流或降压效果更明显了，LED 灯随电流减小而变暗。

（4）LED 灯

LED（light emitting diode），是发光二极管的英文简称。二极管是一种只允许电流从一个方向流进的电子器件。它就像一个水流系统中的阀门，但是只允许一个方向通过。如果电流试图改变流动方向，那么二极管将阻止它这么干。LED 灯是一种发光器件，当给它通上电时，它就能直接发出红、黄、蓝、绿、青、橙、紫、白等颜色的光。比如大多数家用电灯就是一种 LED 灯。

如果仔细观察 LED 灯，会注意到，LED 引脚长度不同，长引脚为 +，短引脚为 -，如图 4-5（a）所示。那如果正负接反会怎么样呢？图 4-5（b）（c）就说明了该问题，根据第 1 章电路知识，接反导致电路短路，LED 灯损坏而不亮。图 4-5（b）（c）中还缺一个限流电阻，你发现了吗？

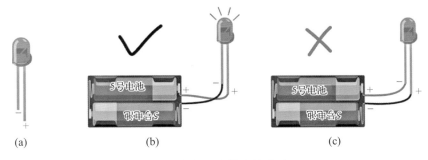

(a)　　　　　(b)　　　　　(c)

图 4-5　LED 灯引脚及直接连接电池

所需元件

项目所需元件如表 4-1 所示。

表4-1　项目所需元件

元件	元件图
1×Arduino UNO 主控板 （以及配套 USB 数据线）	
1× 面包板	

续表

元件	元件图
若干彩色杜邦线	
1×5mm LED 灯（红）	
1×220Ω 电阻	

电路搭建

　　首先，准备 Arduino UNO 主控板、面包板、红色 LED 灯、220Ω 的电阻、若干杜邦线，按照图 4-6 所示进行导线连接。要确保 LED 灯连接正确，LED 灯长脚为 +，短脚为 -。在连线时，保持电源是断开的状态（也就是没有插 USB 线），完成连接后，给 Arduino UNO 主控板上电前认真检查接线是否正确，然后将 USB 数据线方头端连到 Arduino UNO 主控板的方头 USB 口上，将 USB 数据线另一端（A 型 USB 口）连接到台式电脑或者笔记本电脑的 USB 口上，准备编写、上传程序到设备（Arduino UNO 主控板）。

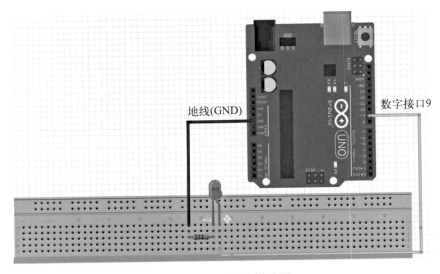

图 4-6　项目电路搭建图

图形化编程

在本项目编程中，涉及指令区的指令（指令又叫积木）如表 4-2 所示。

表4-2 项目使用的关键指令列表

所属模块	指令（积木）	指令功能
Arduino	Uno 主程序	主程序指令，程序开始执行的地方，指令放在主程序下面才起作用
	设置数字引脚 13 ▼ 输出为 高电平 ▼	设置对应数字引脚为高 / 低电平，高电平为 5V，低电平为 0V
控制	循环执行	循环执行指令中的每条语句都逐次进行，直到最后，然后再从循环执行中的第一条语句再次开始，一直循环下去
	等待 1 秒	延时等待 1s（输入 0.5 即延时 0.5s，最小单位为 1ms，即 0.001s）

按照如下步骤进行图形化编程及上传程序到设备（Arduino UNO 主控板）。

① 如图 4-7 所示，双击电脑桌面上的图标，打开 Mind+ 软件，将模式切换至 "上传模式"。

图 4-7 双击图标打开 Mind+ 软件，并切换到 "上传模式"

② 用 USB 线将 Arduino UNO 主控板和电脑连接，然后再点击"连接设备"，如图 4-8 所示，此时"连接设备"变成了"COM5-CH340"。

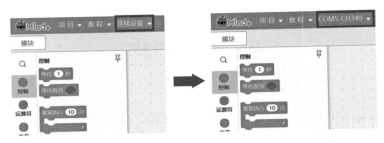

图 4-8 点击"连接设备"后变成"COM5-CH340"

③ 点击左下角"扩展"，选择"主控板"→"Arduino Uno"，如图 4-9 所示。

图 4-9 点击"扩展"并选择"Arduino Uno"主控板

点击"返回"，回到主界面。如图 4-10 所示，在左侧"积木区"中可以看到，已经加载了若干个 Arduino UNO 主控板编程积木。

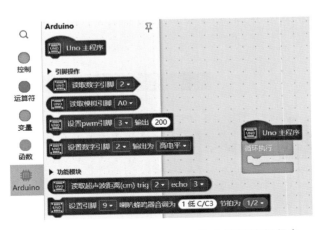

图 4-10 加载的"Arduino Uno"主控板编程积木

④ 编写项目的 Mind+ 程序，如图 4-11 所示。

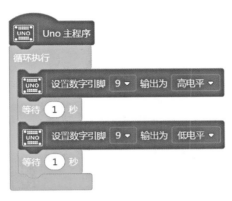

图 4-11　项目的 Mind+ 程序

⑤ 编写好程序后，如图 4-12 所示，单击主界面中的"上传到设备"按钮，将程序上传到 Arduino UNO 主控板上。

图 4-12　点击"上传到设备"且串口区显示"上传成功"

4.4

运行现象

闪烁的LED
灯演示

此时，可以看到面包板上红色 LED 灯每隔 1 秒交替亮灭一次，实现闪烁的效果。

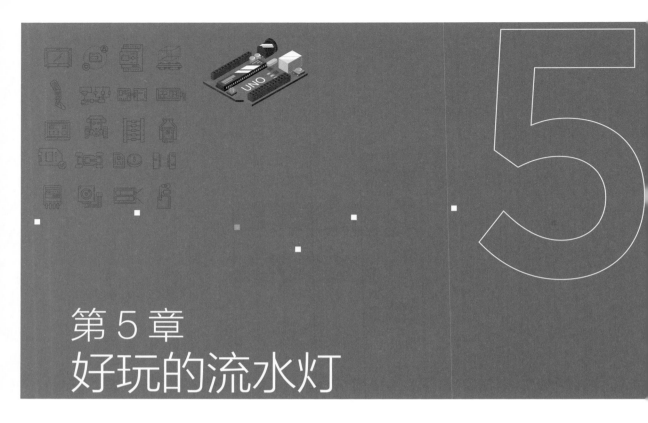

第 5 章
好玩的流水灯

前面已经学习并练习了通过程序控制一个 LED 灯的闪烁，本章将继续拓展 LED 灯的运用，实现好玩的流水灯，即通过程序控制 6 个 LED 灯依次亮灭，远远看去给人一种灯在流动的视觉感受。通过这个项目，我们进一步学习和了解 LED 灯的工作原理和硬件电路的搭建。

所需元件

项目所需元件如表 5-1 所示。

表5-1　项目所需元件

元件	元件图
1×Arduino UNO 主控板（以及配套 USB 数据线）	
1× 面包板	
若干彩色杜邦线	
6×5mm LED 灯（红）	
6×220Ω 电阻	

5.2

电路搭建

　　首先，准备 Arduino UNO 主控板、面包板、红色 LED 灯、220Ω 的电阻、若干杜邦线，按照图 5-1 进行导线连接。要确保 LED 灯连接正确，LED 灯长脚为 +，短脚为 –。在连线时，保持电源是断开的状态（也就是没有插 USB 线），完成连接后，给 Arduino UNO 主控板上电前认真检查接线是否正确，然后将 USB 数据线方头端连到 Arduino UNO 主控板的方头 USB 口上，将 USB 数据线另一端（A 型 USB 口）连接到台式电脑或者笔记本电脑的 USB 口上，准备编写、上传程序到设备（Arduino UNO 主控板）。

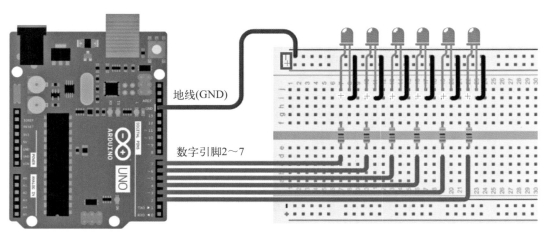

图 5-1　项目电路搭建图

5.3

图形化编程

准备步骤与上传程序到设备参考 4.3 节，项目的 Mind+ 程序如图 5-2 所示。

图 5-2　项目的 Mind+ 程序

运行现象

好玩的流水
灯演示

此时，可以看到面包板上 6 个 LED 灯每隔 0.5 秒交替亮灭一次，实现好玩的流水灯视觉效果。

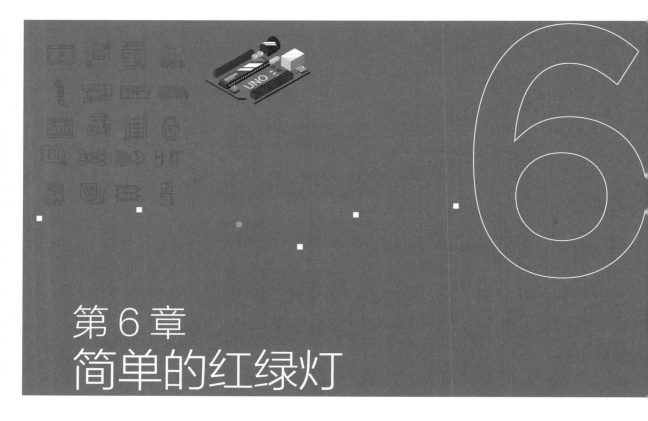

第6章
简单的红绿灯

经过前面项目的学习和训练，我们已经对 LED 灯有了比较全面的认识和了解。当你走在马路上时，是否留意和观察过路口的红绿灯？本章将带领大家基于 Arduino UNO 主控板，通过 Mind+ 编程实现一个简单的红绿灯项目。

所需元件

项目所需元件如表 6-1 所示。

表6-1　项目所需元件

元件	元件图
1×Arduino UNO 主控板（以及配套 USB 数据线）	
1× 面包板	
若干彩色杜邦线	
1×5mm LED 灯（红）	
1×5mm LED 灯（绿）	
1×5mm LED 灯（黄）	
3×220Ω 电阻	

电路搭建

　　首先，准备 Arduino UNO 主控板、面包板、红 / 黄 / 绿三种颜色的 LED 灯、220Ω 的电阻、若干杜邦线，按照图 6-1 进行导线连接。LED 灯长脚为 +,

短脚为 -。在连线时，保持电源是断开的状态（也就是没有插 USB 线），完成连接后，给 Arduino UNO 主控板上电前认真检查接线是否正确，然后将 USB 数据线方头端连到 Arduino UNO 主控板的方头 USB 口上，将 USB 数据线另一端（A 型 USB 口）连接到台式电脑或者笔记本电脑的 USB 口上，准备编写、上传程序到设备（Arduino UNO 主控板）。

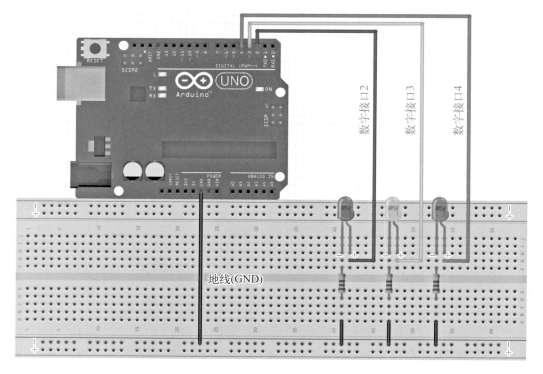

图 6-1　项目电路搭建图

6.3 图形化编程

准备步骤与上传程序到设备参考 4.3 节，项目的 Mind+ 程序，如图 6-2 所示。

图 6-2　项目的 Mind+ 程序

6.4

运行现象

简单的红绿灯
演示

此时，可以看到面包板上 3 个 LED 灯按照图 6-3 的顺序进行循环运行，虚线框中的是程序循环的部分。

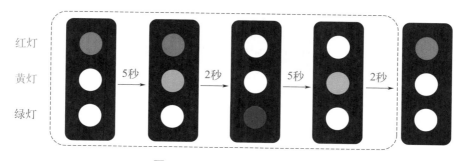

图 6-3　项目运行效果示意图

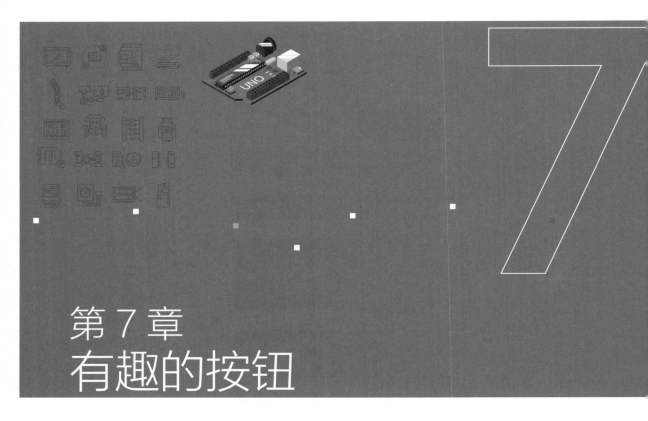

第 7 章
有趣的按钮

　　按钮是本书我们学习 Arduino 硬件编程接触的第一个输入设备，具有按下和抬起两种状态。默认状态为抬起。生活中的按钮可以说是无处不在，遥控器、计算器、手机、电脑等各种电子设备上的按键，都是按钮。本章基于 Arduino UNO 主控板，通过 Mind+ 编程实现一个简单的按钮控制 LED 灯的项目。通过这个项目，初步了解神奇的按钮。

　　按钮共有 4 个引脚，如图 7-1 所示分别显示了其正面与背面。其中，1 脚和 4 脚内部是连在一起的，2 脚和 3 脚内部是连在一起的，在电路连接时，同时连接 1 脚和 2 脚，或者同时连接 3 脚和 4 脚。

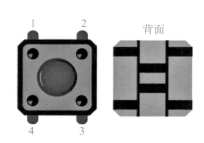

图 7-1　按钮正反面结构图

　　按钮的工作原理如图 7-2、图 7-3 所示。按钮一旦按下后，左右两侧就被导通了，此时 LED 灯被点亮；当按钮弹起时，LED 灯灭。按钮就像是一个开关，起到通断的作用，因此按钮也叫做按钮开关或者按键。

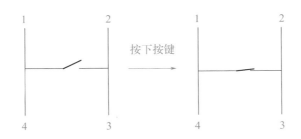

图 7-2 按钮工作原理框图

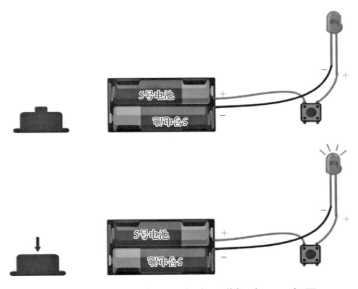

图 7-3 按钮按下时 LED 灯亮，弹起时 LED 灯灭

所需元件

项目所需元件如表 7-1 所示。

表7-1　项目所需元件

元件	元件图
1×Arduino UNO 主控板（以及配套 USB 数据线）	
1× 面包板	
若干彩色杜邦线	
1×5mm LED 灯（红）	
1× 按钮开关	
2×220Ω 电阻	

这里只用到 1 个 LED 灯，为什么会用到 2 个电阻呢？一个电阻是 LED 灯的限流电阻，还有一个电阻是给按钮用的。

7.2

电路搭建

首先，准备 Arduino UNO 主控板、面包板、红色的 LED 灯、220Ω 的电阻、按钮开关、若干杜邦线，按照图 7-4 进行导线连接。要确保 LED 灯连接正确，LED 灯长脚为 +，短脚为 −。在连线时，保持电源是断开的状态（也就是没有插 USB 线），完成连接后，给 Arduino UNO 主控板上电前认真检查接线是否正确，然后将 USB 数据线方头端连到 Arduino UNO 主控板的方头 USB 口上，将 USB 数据线另一端（A 型 USB 口）连接到台式电脑或者笔记本电脑的 USB 口上，准备编写、上传程序到设备（Arduino UNO 主控板）。

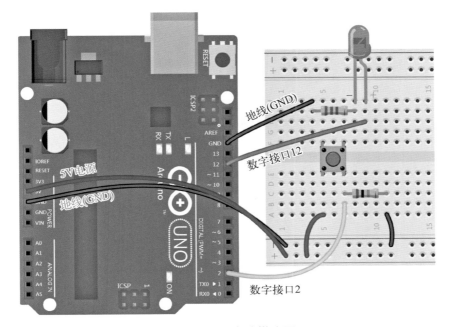

图 7-4　项目电路搭建图

图形化编程

在本项目编程中，涉及指令区的指令如表 7-2 所示。

表7-2　项目使用的关键指令列表

所属模块	指令（积木）	指令功能
控制	如果 那么执行 否则	双重判断指令：如果满足六边形框的条件，则执行所包含的程序，否则执行下面包含的程序

准备步骤与上传程序到设备参考 4.3 节，项目的 Mind+ 程序，如图 7-5 所示。

图 7-5　项目的 Mind+ 程序

运行现象

代码上传设备完成后，当按下按钮时，LED 灯亮；当松开按钮时，LED 灯灭。

有趣的按钮演示

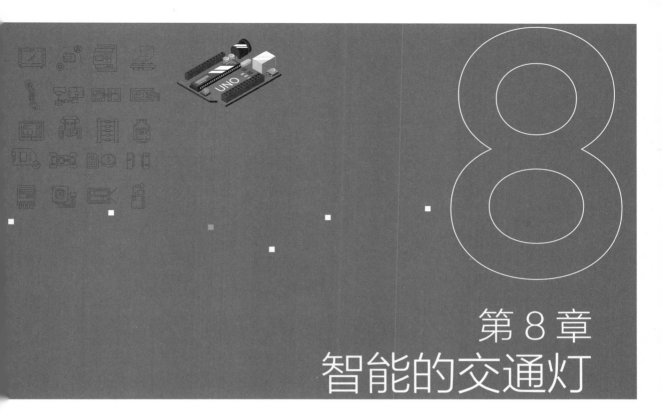

第 8 章
智能的交通灯

本章基于之前设计的简单红绿灯进行一个拓展，增加一种行人按键请求通过马路的功能。当按钮被按下时，Arduino UNO 主控板会自动反应，改变交通灯的状态，让车停下，允许行人通过。在这个项目中，我们会实现 Arduino UNO 主控板的互动，也会在代码学习中掌握如何创建自制积木。此项目的代码相对长一点，耐下心来，等看完这一章，一定能收获颇丰。

所需元件

项目所需元件如表 8-1 所示。

这里只用到 5 个 LED 灯，为什么会用到 6 个电阻呢？其中，5 个电阻是 LED 灯的限流电阻，还有 1 个电阻是给按钮用的。

表8-1　项目所需元件

元件	元件图
1×Arduino UNO 主控板（以及配套 USB 数据线）	
1× 面包板	
若干彩色杜邦线	
2×5mm LED 灯（红）	
2×5mm LED 灯（绿）	
1×5mm LED 灯（黄）	
6×220Ω 电阻	
1× 按钮开关	

8.2

电路搭建

　　首先，准备 Arduino UNO 主控板、面包板、红 / 黄 / 绿三种颜色的 LED 灯、220Ω 的电阻、按钮开关、若干杜邦线，按照图 8-1 进行导线连接。要确保 LED 灯连接正确，LED 灯长脚为 +，短脚为 –。特别要注意的是，此项目连线比较多，注意不要插错。在连线时，保持电源是断开的状态（也就是没有插 USB 线），完成连接后，给 Arduino UNO 主控板上电前认真检查接线是否正确，然后将 USB 数据线方头端连到 Arduino UNO 主控板的方头 USB 口上，将 USB 数据线另一端（A 型 USB 口）连接到台式电脑或者笔记本电脑的 USB 口上，准备编写、上传程序到设备（Arduino UNO 主控板）。

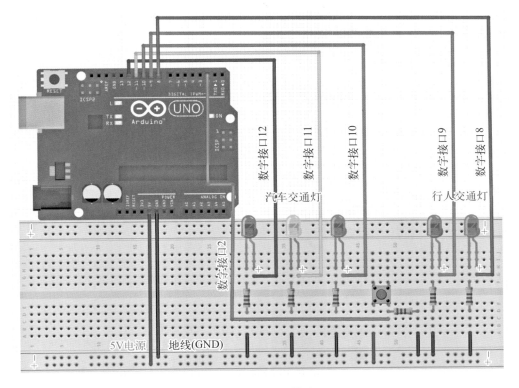

图 8-1　项目电路搭建图

图形化编程

在本项目编程中，涉及的指令如表 8-2 所示。

表8-2　项目使用的关键指令列表

所属模块	指令（积木）	指令功能
变量	变量 my float variable	存放可以变化的值，右键点击可以切换其他变量
	设置 my float variable ▾ 的值为 0	可给变量输入不同的数。下拉倒三角可以选择不同的变量，重新给变量命名或者删除变量
Arduino	读取数字引脚 2 ▾	读取数字引脚指令，读取指定引脚收到的值，得到的值为 0 或 1，可赋值给变量或者作为判断条件
控制	如果 那么执行	条件判断指令，用于判断六边形框内的条件是否成立。条件成立，则执行所包含的程序；条件不成立，则跳过该指令，执行后面的程序
运算符	+ * − /	数学运算符：加、减、乘、除。在椭圆形框内可填入圆头或尖头积木（例如变量），也可直接输入数
	= < > <= >=	关系运算符：小于、小于等于、等于、大于、大于等于。在框中放入对应形状指令或直接输入数值并判断条件是否成立。若成立，反馈值为1；不成立，则反馈值为0
	与 或 非	逻辑运算符：与、或、非。拖入对应形状的指令即可运行。具体解析在代码学习中给出
函数	定义 改变交通灯	函数定义指令。建立新函数：通过点击自定义模块，给函数起一个合适的名字。建立后就可在此指令后编写自己所需要的程序
	改变交通灯	函数调用指令。定义完新函数后，通过该指令来调用

在本项目中，需要用到变量和函数，因此下面先来学习如何在 Mind+ 中新建变量以及自定义函数，然后再进行本项目的图形化编程。变量可以看成装数字或者字符（例如英文字母）的"箱子"，"箱子名"称为变量名，往"箱子"里装数字或字符的过程，称为"设置变量的值"。变量示意图如图 8-2 所示，其中变量名为 a，设置 a 的值为数字 2。

图 8-2　变量示意图

（1）学习新建变量

① 如图 8-3 所示，点击"变量"→"新建数字类型变量"。

图 8-3　新建变量

② 输入合适的变量名。给变量命名时，可以用字母、数字、下划线开头，同时 Mind+ 支持中文命名。本项目定义的变量名为："穿越马路时间"（图 8-4）和"按钮状态"（图 8-5）。

图 8-4　本项目中用到的第 1 个变量命名

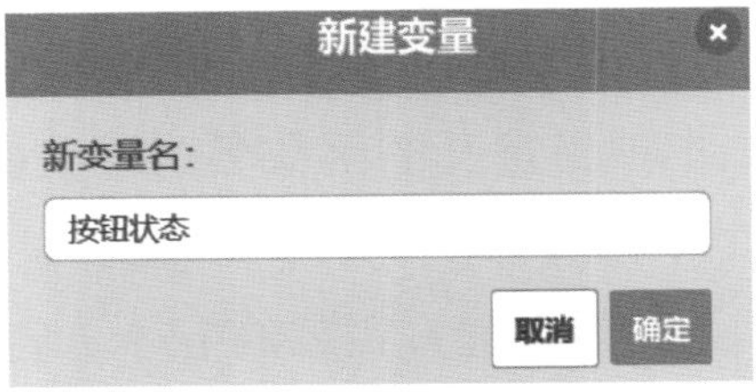

图 8-5　本项目中用到的第 2 个变量命名

③ "穿越马路时间"和"按钮状态"变量已经建立好，出现在主界面左侧积木区，等待使用，如图 8-6 所示。

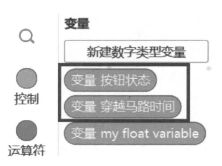

图 8-6 建立好的 2 个变量

（2）学习自制积木

① 自制积木也称为函数或者自定义模块，如图 8-7 所示，点击"函数"→"自定义模块"。

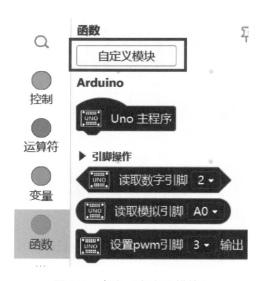

图 8-7 点击"自定义模块"

② 自制积木命名，可以用字母、数字、下划线开头，同时 Mind+ 支持中文命名。如图 8-8 所示，本项目定义的函数名为"改变交通灯"。

③ 如图 8-9 所示，在"编程区"出现了 改变交通灯 自制积木。此时该自制积木还只是一个"名称"，无具体功能，需要在它下方进行编程，才能实现该自制积木具体的功能。

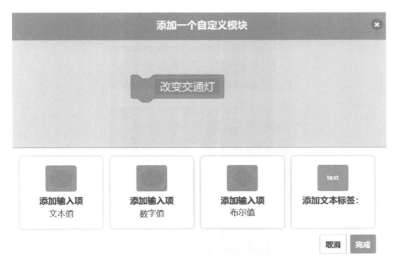

图 8-8　自制积木命名

图 8-9　编程区的自制积木定义（需要在其下方进行编程）

④ 在步骤③自制积木名称下实现了具体的编程后，左侧积木区的自制积木才可以拖入到编程区使用，如图 8-10 所示。

图 8-10　积木区的自制积木

（3）本项目的图形化编程

准备步骤与上传程序到设备参考 4.3 节，编写的 Mind+ 程序包括自制积木（图 8-11）和主程序（图 8-12）。

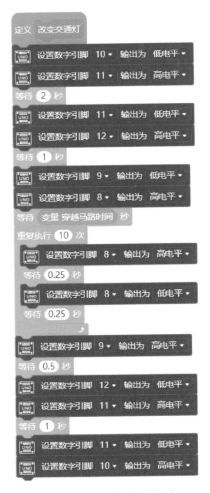

图 8-11 项目的自制积木

图 8-12 项目的 Mind+ 主程序

运行现象

　　代码上传完成后，可以尝试按下按键，看看是什么样的效果。整个变化过程是这样的：

　　开始时，汽车灯为绿灯，行人灯为红灯，代表车行人停。一旦行人按下按键，请求过马路，那么汽车灯由绿变黄，再变红，行人灯开始由红变绿。在行人通行的过程中，设置了一个过马路的时间，即"穿越马路时间"变量，一旦到点，行人绿灯开始闪烁，提醒行人快速过马路。闪烁完毕，最终，又回到开始的状态，汽车灯为绿灯，行人灯为红灯。

智能的交通
灯演示

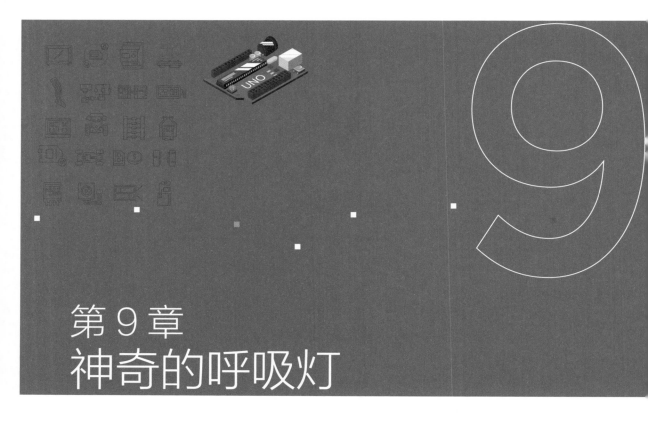

第 9 章
神奇的呼吸灯

在 Arduino UNO 主控板上，数字引脚中有六个引脚标有"～"，分别是 3、5、6、9、10、11 引脚。这个符号说明这些口具有 PWM 功能。下面学习基于 PWM 技术的神奇呼吸灯项目。所谓呼吸灯，就是让灯有一个由亮到暗，再到亮的逐渐变化的过程，感觉像是在均匀地呼吸。

PWM 是一项通过数字方法来获得模拟量的技术。通过数字控制来形成一个方波，方波信号只有开、关两种状态（也就是数字引脚电平的高低）。通过控制开与关所持续时间的比值就能模拟到一个 0 ～ 5V 之间变化的电压。"开"（称为高电平）所占用的时间叫做脉冲宽度，所以 PWM 也叫做脉冲宽度调制。下面通过五个方波来更形象地了解一下 PWM。

如图 9-1 所示，绿色竖线代表方波的一个周期。每个 [设置pwm引脚 3 ▼ 输出 200] 输出的值都能对应一个百分比，这个百分比也称为占空比（duty cycle），指的是一个周期内高电平持续时间占一个周期时间的百分比。图 9-1 中从上往下，第一个方波，占空比为 0%，对应的积木输出值为 0，LED 灯亮度最低，也就是灭的状态。高电平持续时间越长，LED 灯也就越亮。所以，最后一个方波占空比为 100% 的对应积木输出值是 255，LED 灯最亮。50% 是最高亮度的一半，25% 则相对更暗。PWM 比较多地用于调节 LED 灯的亮度；或者是调节电机的转动速度，电机带动的车轮速度也就能很容易地控制，在开发一些 Arduino 小车时，经常使用 PWM 技术。

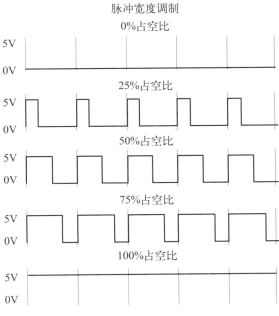

图 9-1　PWM 原理示意图

所需元件

项目所需元件如表 9-1 所示。

表9-1　项目所需元件

元件	元件图
1×Arduino UNO 主控板（以及配套 USB 数据线）	

续表

元件	元件图
1× 面包板	
若干彩色杜邦线	
1×5mm LED 灯（红）	
1×220Ω 电阻	

9.2

电路搭建

　　首先，准备 Arduino UNO 主控板、面包板、红色的 LED 灯、220Ω 的电阻、若干杜邦线，按照图 9-2 进行导线连接。要确保 LED 灯连接正确，LED 灯长脚为 +，短脚为 -。在连线时，保持电源是断开的状态（也就是没有插 USB 线），完成连接后，给 Arduino UNO 主控板上电前认真检查接线是否正确，然后将 USB 数据线方头端连到 Arduino UNO 主控板的方头 USB 口上，将 USB 数据线另一端（A 型 USB 口）连接到台式电脑或者笔记本电脑的 USB 口上，准备编写、上传程序到设备（Arduino UNO 主控板）。

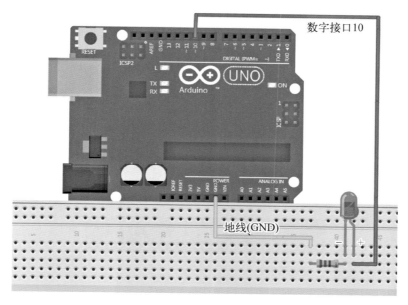

图 9-2　项目电路搭建图

图形化编程

在本项目编程中，涉及指令区的指令如表 9-2 所示。

表9-2　项目使用的关键指令列表

所属模块	指令（积木）	指令功能
变量	重复执行直到	指定次循环条件的循环指令：将指令中包含的程序自下而上循环执行，直到不满足循环条件，退出循环
Arduino	设置pwm引脚 3 ▾ 输出 200	设置 PWM 引脚输出值指令。通过 PWM 信号可以控制亮度（输出值的范围在 0 ～ 255）

在本项目中，需要用到变量和函数，因此下面先在 Mind+ 中新建变量以及定义函数，然后进行本项目的图形化编程。

（1）新建变量

① 在 Mind+ 主界面上点击"变量"→"新建数字类型变量"，具体内容参考 8.3 节。

② 输入合适的变量名。给变量命名时，可以用字母、数字、下划线开头，同时 Mind+ 支持中文命名。本项目定义的变量命名为"value"，如图 9-3 所示。

图 9-3　变量命名

③ "value"变量已经建立好，出现在主界面左侧积木区，等待使用，如图 9-4 所示。

图 9-4　建立好的变量

（2）学习自制积木

① 在 Mind+ 主界面点击"函数"→"自定义模块"，具体内容参考 8.3 节。

② 本项目自定义 2 个函数（自制积木），函数名分别为"逐渐变亮"和"逐渐变暗"，如图 9-5 所示。在其下方进行编程，实现这 2 个自制积木的功能。

图 9-5　编程区的自制积木定义（需要在其下方进行编程）

（3）本项目的图形化编程

准备步骤与上传程序到设备参考 4.3 节，编写的 Mind+ 程序，包括自制积木和主程序，如图 9-6 所示。

(a) 自制积木

(b) 主程序

图 9-6　项目的自制积木和主程序

9.4 运行现象

神奇的呼吸灯演示

代码上传完成后，可以看到 LED 灯会有一个逐渐由亮到灭的缓慢过程，而不是直接地亮灭，如同呼吸一般，均匀变化。

第 10 章
炫彩的 RGB LED 灯

本章介绍一种新的 LED 灯——RGB LED 灯。之所以叫 RGB LED 灯，是因为这个 LED 灯是由红（red）、绿（green）和蓝（blue）三色组成的。调整三个 LED 中每个灯的亮度，就能产生不同的颜色。本项目基于 Arduino UNO 主控板，通过 Mind+ 编程实现由一个 RGB LED 灯随机产生不同的炫彩颜色。

（1）RGB LED 灯简介

RGB LED 灯有 4 个引脚，R、G、B 三个引脚连接到 LED 灯的一端，还有一个引脚是共用的正极（阳）或者共用的负极（阴）。这里选用的是共阴 RGB LED 灯。图 10-1 展示了三个 LED 灯变为一个 RGB LED 灯的过程。R、G、B 其实是三个 LED 灯的正极，把它们的负极拉到一个公共引脚上，它们公共引脚是负极，所以称这样的灯为共阴 RGB LED 灯。

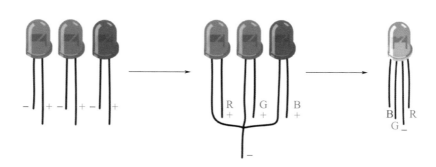

图 10-1　三个 LED 灯蜕变为一个 RGB LED 灯的过程

　　RGB LED 灯如何使用呢？如何实现变色呢？RGB LED 灯只是简单地把三个颜色的 LED 灯封装在一个 LED 灯中，只要将其当作三个灯使用就可以。如图 10-2 所示，红色、绿色、蓝色是光学三原色，Arduino 通过数字引脚对三种颜色的调节，就能让 LED 调出想要的颜色。

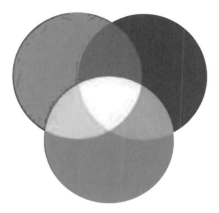

图 10-2　混合光学三原色获得不同的颜色

　　可以让 RGB LED 灯的 R、G、B 引脚连接 Arduino UNO 主控板上的 PWM 数字引脚，使用 PWM 输出 0 ～ 255 之间数值，就可以产生不同的颜色。图 10-3 罗列了几种典型的颜色，RGB LED 灯可调的色彩远多于图 10-3 所示的颜色，其可以产生 16777216 种颜色（256×256×256）。不妨动手尝试一下，设置 R、G、B 引脚的 PWM 值，随意切换颜色吧。

红色	绿色	蓝色	颜色
255	0	0	红色
0	255	0	绿色
0	0	255	蓝色
255	255	0	黄色
0	255	255	蓝绿色
255	0	255	紫红色
255	255	255	白色

图 10-3　不同 LED 引脚 PWM 值所组合产生的颜色

（2）共阳 RGB 与共阴 RGB 的区别

　　共阳 RGB 是把正极拉到一个公共引脚，其他三个端则是负极。由图 10-4、图 10-5 可以看出，外表上共阴 RGB 和共阳 RGB 没有任何区别。

图 10-4　共阴 RGB 示意图　　　　　图 10-5　共阳 RGB 示意图

然而两者在使用上是有区别的，区别分为以下两点：

① 接线中的改变，共阳 RGB 的共用端接 5V，否则 LED 不能被点亮。

② 在颜色的调配上，共阳 RGB 与共阴 RGB 是完全相反的。举个例子，共阴 RGB 显示红色为 R-255、G-0、B-0；然而共阳 RGB 则完全相反，红色的 RGB 数值是 R-0、G-255、B-255。

所需元件

项目所需元件如表 10-1 所示。

表10-1　项目所需元件

元件	元件图
1×Arduino UNO 主控板（以及配套 USB 数据线）	

续表

元件	元件图
1× 面包板	
若干彩色杜邦线	
1×RGB LED 灯	
3×220Ω 电阻	

电路搭建

　　首先，准备 Arduino UNO 主控板、面包板、RGB LED 灯（本项目使用的是共阴极 RGB）、220Ω 的电阻、若干杜邦线，按照图 10-6 进行导线连接。在连线时，保持电源是断开的状态（也就是没有插 USB 线），完成连接后，给 Arduino UNO 主控板上电前认真检查接线是否正确，然后将 USB 数据线方头端连到 Arduino UNO 主控板的方头 USB 口上，将 USB 数据线另一端（A 型 USB 口）连接到台式电脑或者笔记本电脑的 USB 口上，准备编写、下载程序。

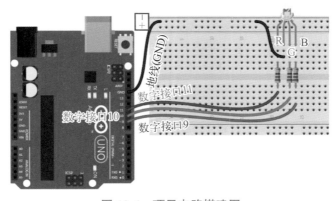

图 10-6　项目电路搭建图

图形化编程

在本项目编程中，涉及的指令如表 10-2 所示。

表10-2　项目使用的关键指令列表

所属模块	指令（积木）	指令功能
运算符	在 1 和 10 之间取随机数	随机数指令：用于获得指定范围内的整数数值
	约束 0 介于(最小值) 0 和(最大值) 100 之间	约束值指令：将值、变量约束到指定范围内

在本项目中，需要用到可以输入参数的函数。

（1）学习自制积木（带可输入参数）

① 点击"函数"→"自定义模块"，具体内容参考 8.3 节。

② 本项目函数命名为"改变 RGB 颜色"，同时带有 3 个输入项（数字值），即"red""green""blue"，如图 10-7 所示。

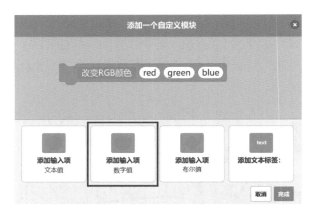

图 10-7　自定义带输入项的函数（自制积木）

（2）本项目图形化编程

准备步骤与上传程序到设备参考 4.3 节，编写的 Mind+ 程序包括带输入参数的自制积木和主程序，如图 10-8 所示。

图 10-8　项目的自制积木和主程序

炫彩的RGB
LED灯演示

10.4

运行现象

代码上传完成后，可以看到 RGB LED 灯颜色呈现随机的变化，不只是单一的一种颜色。

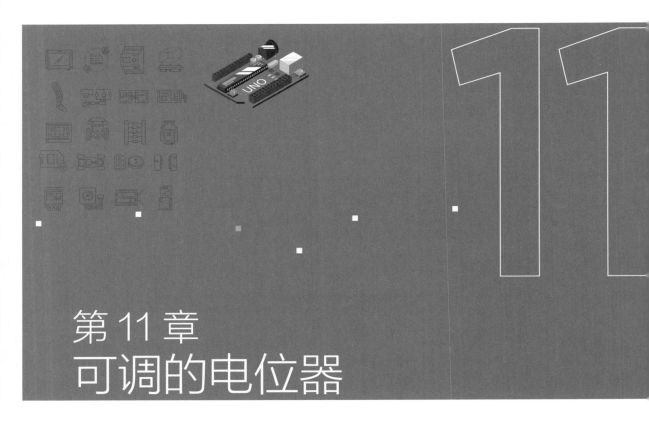

第 11 章
可调的电位器

　　本章学习新的电子元件，可以改变的电阻——电位器。通过 Mind+ 编程实现电位器控制 LED 灯这样一个项目：连接电位器到 Arduino UNO 主控板模拟输入引脚，连接 LED 灯到 Arduino UNO 主控板数字输出引脚，并配合相应的程序就可以实现电位器控制改变 LED 灯的亮度，如同前面所学习的通过 PWM 技术实现"呼吸灯"的效果一样。

　　电位器（英文为 potentiometer，简称 Pot，少数直译成电位计），通常又称为可变电阻器（variable resistor，VR）或可变电阻，其实物如图 11-1 所示。本书使用的电位器可调节的范围是 0 ～ 10kΩ。电阻两端接电源，通过中间引脚调节阻值，随着电阻值的改变而带动电压变化。用模拟引脚 A0 读取到这个变化中的模拟电压值，并转换为对应的 LED 灯的亮度值，实现"呼吸灯"的效果。这就是整个的控制过程。

图 11-1　电位器实物图

电位器的引脚和电路符号分别如图 11-2、图 11-3 所示。

5V　A0　GND

图 11-2　电位器引脚图

图 11-3　电位器电路符号图

11.1

所需元件

项目所需元件如表 11-1 所示。

表11-1　项目所需元件

元件	元件图
1×Arduino UNO 主控板（以及配套 USB 数据线）	
1× 面包板	

续表

元件	元件图
若干彩色杜邦线	
1×5mm LED 灯（红）	
1×220Ω 电阻	
1× 电位器	

11.2

电路搭建

　　首先，准备 Arduino UNO 主控板、面包板、电位器、红色 LED 灯、220Ω 的电阻、若干杜邦线，按照图 11-4 进行导线连接。要确保 LED 灯连接正确，LED 灯长脚为 +，短脚为 −。在连线时，保持电源是断开的状态（也就是没有插 USB 线），完成连接后，给 Arduino UNO 主控板上电前认真检查接线是否正确，然后将 USB 数据线方头端连到 Arduino UNO 主控板的方头 USB 口上，将 USB 数据线另一端（A 型 USB 口）连接到台式电脑或者笔记本电脑的 USB 口上，准备编写、上传程序到设备（Arduino UNO 主控板）。

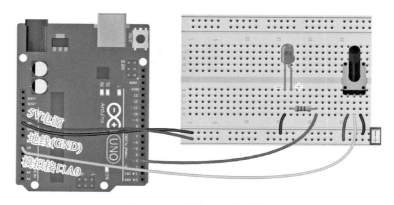

图 11-4　项目电路搭建图

图形化编程

在本项目编程中，涉及指令区的指令如表 11-2 所示。

表11-2　项目使用的关键指令列表

所属模块	指令（积木）	指令功能
运算符	映射 0 从[0 , 1023] 到[0 , 255]	映射积木指令：将 0 ～ 1023 之间的数字对应成 0 ～ 255 之间的数字

准备步骤与上传程序到设备参考 4.3 节，项目的 Mind+ 程序，如图 11-5 所示。

图 11-5　项目的 Mind+ 程序

运行现象

可调的电位器
演示

代码上传完成后，顺时针旋转电位器，LED 灯就越来越亮，逆时针旋转电位器，LED 灯就越来越暗，实现"呼吸灯"的效果。

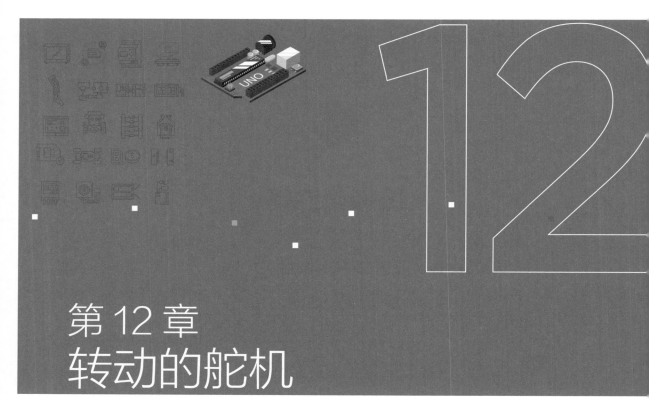

第 12 章
转动的舵机

本章学习一种执行器——小型舵机。小型舵机是一种电机，可通过 Arduino UNO 主控板控制它旋转。大多数小型舵机最大可以旋转 180°，也有一些能转更大角度，甚至能转 360°。把小型舵机放到玩具里，可以让玩具动起来；做小型机器人时，可以使用小型舵机作为机器人的关节，所以小型舵机的用处很多。

所需元件

项目所需元件如表 12-1 所示。

表12-1　项目所需元件

元件	元件图
1×Arduino UNO 主控板 （以及配套 USB 数据线）	
1× 面包板	
若干彩色杜邦线	
1× 小型舵机	

12.2

电路搭建

　　首先，准备 Arduino UNO 主控板、面包板、小型舵机（可旋转 180°）、若干杜邦线，按照图 12-1 进行导线连接，其中小型舵机自带的 3 根线分别是红色线（＋极，接 5V 电源）、棕色线（－极，接地线 GND）、黄色线（接模拟接口 A0）。在连线时，保持电源是断开的状态（也就是没有插 USB 线），完成连接后，给 Arduino UNO 主控板上电前认真检查接线是否正确，然后将 USB 数据线方头端连到 Arduino UNO 主控板的方头 USB 口上，将 USB 数据线另一端（A 型 USB 口）连接到台式电脑或者笔记本电脑的 USB 口上，准备编写、上传程序到设备（Arduino UNO 主控板）。

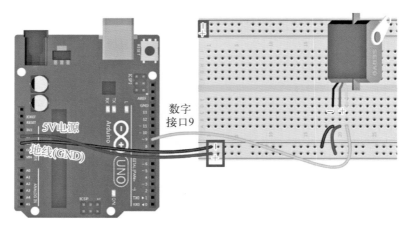

图 12-1　项目电路搭建图

如图 12-2 所示，由于小型舵机自带的 3 根线是母头杜邦线，无法直接连到面包板，故这 3 根母头杜邦线先连接公头杜邦线，就可以连接面包板了。

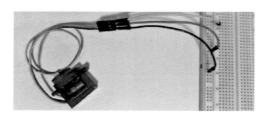

图 12-2　小型舵机自带线连接公头杜邦线

图形化编程

在本项目编程中，涉及的指令如表 12-2 所示。

表12-2　项目使用的关键指令列表

所属模块	指令（积木）	指令功能
执行器	设置 11 ▼ 引脚伺服舵机为 90 度	执行器积木指令：通过引脚 11 控制舵机旋转 90°

准备步骤与上传程序到设备参考 4.3 节。对于本项目，在选择"Arduino Uno"主控板后，还应加载舵机积木模块。如图 12-3 所示，点击左下角"扩展"，在先选择"Arduino Uno"主控板的前提下，再选择"执行器"→"舵机模块"（否则会出现如图 12-4 所示的错误界面），然后点击"返回"，便能在积木区看见已经加载了舵机积木模块。

图 12-3　点击"扩展"→"执行器"→"舵机模块"

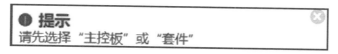

图 12-4　未选择主控板弹出的错误界面

项目的 Mind+ 程序，如图 12-5 所示。

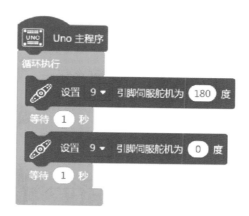

图 12-5　项目的 Mind+ 程序

运行现象

代码上传完成后，可以看到舵机在 0°～ 180°来回转动。

转动的舵机
演示

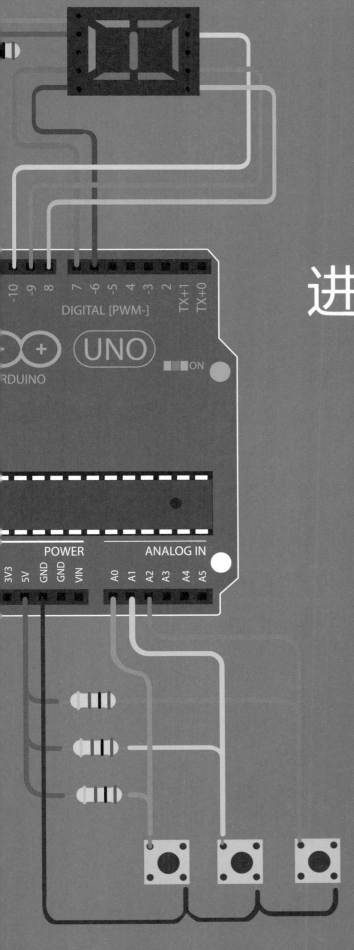

第3篇
进阶提高篇

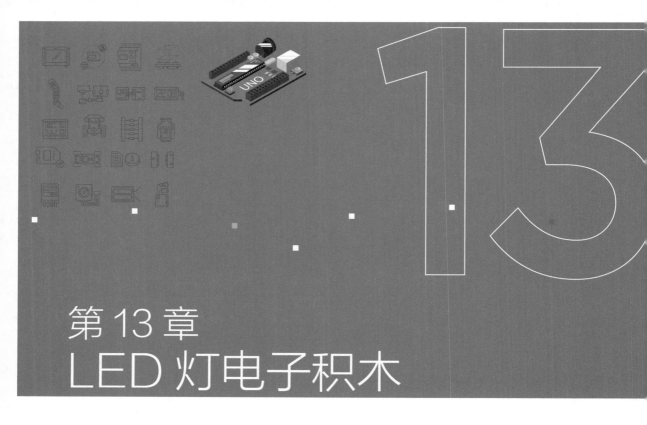

第 13 章
LED 灯电子积木

通过前面章节的学习，大家基于自己亲自动手搭建各种功能电路，熟悉了电阻、LED 灯、按钮、电位器等电子元器件的操作和应用。在很多场景中，不能使用电子元器件和面包板搭建实际的应用电路，那样会非常不方便，且功能复杂时容易引起导线断开等电路故障；这时候我们可以使用各种电子积木（也叫电子模块）来快速实现复杂的科技创意作品。本章让我们以 LED 灯电子积木来开启 Arduino 驱动各种电子积木、传感器、执行器、显示器之旅。

有关 LED 灯的原理已经在前面详细讲解，此处不再赘述。本次项目中使用到的 LED 灯电子积木（模块）实物图如图 13-1 所示。

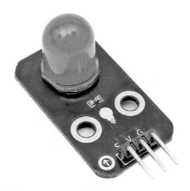

图 13-1　LED 灯电子积木实物图

　　以 LED 灯电子积木的制作为例，各种电子积木的制作过程，主要分为如下步骤：

　　① 将 LED 灯、限流电阻等电子元器件通过导线连接成电路的过程，使用电路符号绘制出来，形成电路原理图（SCH 图）；

　　② 依据电路原理图绘制印刷电路板图（PCB 图）；

　　③ 将 PCB 图送加工厂进行加工，做成 PCB 电路空板（实物）；

　　④ 使用电烙铁将 LED 灯、限流电阻等电子元器件焊接到 PCB 电路空板上，通电测试无误后，形成电子积木。

　　LED 灯电子积木的电路原理图如图 13-2 所示。

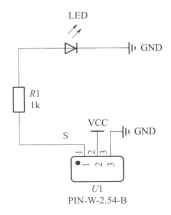

图 13-2　LED 灯电子积木电路原理图

　　LED 灯电子积木的尺寸如图 13-3 所示。

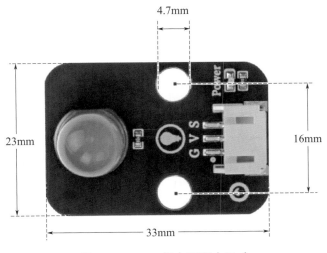

图 13-3　LED 灯电子积木尺寸

LED 灯电子积木的参数如图 13-4 所示。

引脚名称	描述
G	GND(电源输入负极)
V	VCC(电源输入正极)
S	数字信号引脚

- 供电电压：3.3V/5V
- 连接方式：2.54mm排针
- 安装方式：双螺钉固定

图 13-4　LED 灯电子积木参数

所需硬件

项目所需硬件如表 13-1 所示。

表13-1　项目所需硬件

硬件	硬件图
1×Arduino UNO 主控板 （以及配套 USB 数据线）	
1× 扩展板	

续表

硬件	硬件图
1×LED 灯电子积木	
若干彩色杜邦线（母对母）	

13.2

硬件连接

① 准备 Arduino UNO 主控板、扩展板、USB 数据线、LED 灯电子积木、若干杜邦线；

② 将 LED 灯电子积木的"V"引脚连到扩展板上任意一个"5V"电源引脚；

③ 将 LED 灯电子积木的"G"引脚连到扩展板上任意一个"GND"引脚；

④ 将 LED 灯电子积木的"S"引脚连到扩展板"D2"引脚；

⑤ 将 USB 数据线方头端连到 Arduino UNO 主控板的方头 USB 上；

⑥ 将 USB 数据线另一端（A 型 USB 口）连接到台式电脑或者笔记本电脑的 USB 口上，准备编写、上传程序到设备（Arduino UNO 主控板）。

项目硬件连接示意图如图 13-5 所示。

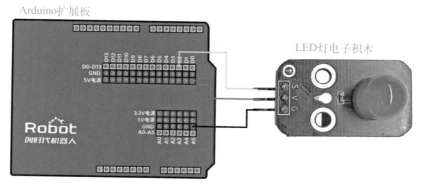

图 13-5　项目硬件连接示意图

13.3

图形化编程

准备步骤与上传程序到设备参考 4.3 节，项目的 Mind+ 程序，如图 13-6 所示。

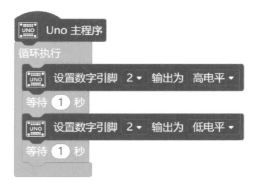

图 13-6　项目的 Mind+ 程序

13.4

运行现象

LED灯电子
积木演示

此时，可以看到 LED 灯电子积木每隔一秒交替亮灭一次，实现"闪烁"效果。

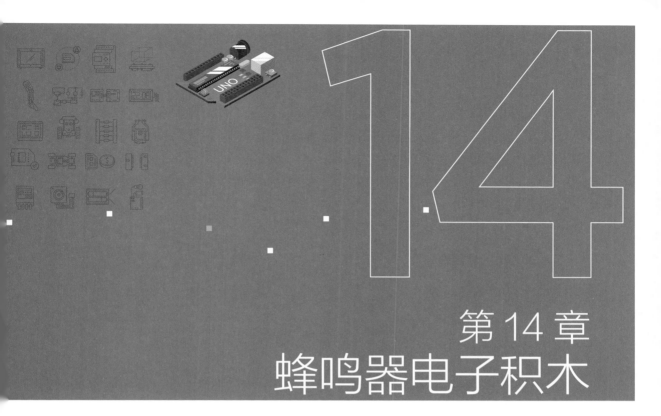

第 14 章
蜂鸣器电子积木

　　本章要接触一个新的电子元件——蜂鸣器，从字面意思就可以知道，这是一个会发声的电子元件。将蜂鸣器焊接到电路板上，制作成蜂鸣器电子积木（模块），通过连接蜂鸣器电子积木到 Arduino UNO 主控板数字输出引脚，并配合相应的程序就可以产生类似报警器的声音。在本章项目，我们基于蜂鸣器电子积木来制作一个报警器。

　　蜂鸣器主要分为压电式蜂鸣器和电磁式蜂鸣器两种类型。

　　（1）压电式蜂鸣器和电磁式蜂鸣器的区别

　　压电式蜂鸣器是以压电陶瓷的压电效应，来带动金属片的振动而发声。当受到外力导致压电材料发生形变时，压电材料会产生电荷。电磁式的蜂鸣器，则是利用通电导体会产生磁场的特性，通电时将金属振动膜吸下，不通电时依靠振动膜的弹力弹回。

　　压电式蜂鸣器需要比较高的电压才能有足够的声压，一般建议为 9V 以上。电磁式蜂鸣器用 1.5V 就可以发出 85dB 以上的声压。所以建议初学者使用电磁式蜂鸣器。

　　（2）有源蜂鸣器和无源蜂鸣器的区别

　　无论是压电式蜂鸣器还是电磁式蜂鸣器，都有有源蜂鸣器和无源蜂鸣器两种区分。有源蜂鸣器和无源蜂鸣器的根本区别是输入信号的要求不一样。这里的"源"不是指电源，而是指振荡源。有源蜂鸣器内部带振荡源，只要一通电就会响，适合做一些单一的提示音。而无源蜂鸣器内部不带振荡源，所以如果仅用直流信号无法使其发声，但是无源蜂鸣器比有源蜂鸣器音效更好，适合需要多种音调的应用。如图 14-1、图 14-2 所示，两种蜂鸣器的引脚朝上放置时，可以看出有绿色电路板的是无源蜂鸣器，没有电路板而用黑胶封闭的是有源蜂鸣器。

图 14-1　无源蜂鸣器

图 14-2　有源蜂鸣器

蜂鸣器的应用有很多，可以基于蜂鸣器做一些好玩的东西，比如常见的结合蜂鸣器的温度传感器，其测到温度过高时会报警。

本项目中使用到的是基于有源电磁式蜂鸣器而制作的电子积木（模块），其实物图如图 14-3 所示。

图 14-3　蜂鸣器电子积木实物图

蜂鸣器电子积木的硬件电路图如图 14-4 所示。

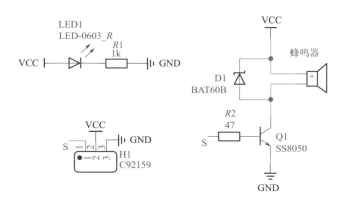
图 14-4　蜂鸣器电子积木电路图

蜂鸣器电子积木的尺寸如图 14-5 所示。

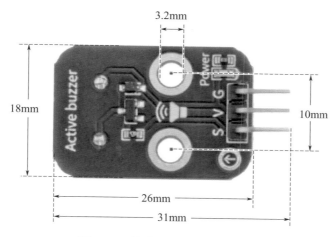

图 14-5　蜂鸣器电子积木的尺寸

蜂鸣器电子积木的参数如图 14-6 所示。

引脚名称	描述
G	GND(电源输入负极)
V	VCC(电源输入正极)
S	数字信号引脚

- 供电电压：3.3V/5V
- 连接方式：2.54mm排针
- 安装方式：双螺钉固定

图 14-6　蜂鸣器电子积木参数

所需硬件

项目所需硬件如表 14-1 所示。

表14-1 项目所需硬件

硬件	硬件图
1×Arduino UNO 主控板 （以及配套 USB 数据线）	
1× 扩展板	
1× 蜂鸣器电子积木	
若干彩色杜邦线（母对母）	

14.2

硬件连接

① 准备 Arduino UNO 主控板、扩展板、USB 数据线、蜂鸣器电子积木、若干杜邦线；

② 将蜂鸣器电子积木的"V"引脚连到扩展板上任意一个"5V"电源

引脚；

③ 将蜂鸣器电子积木的"G"引脚连到扩展板上任意一个"GND"引脚；

④ 将蜂鸣器电子积木的"S"引脚连接到扩展板"D2"引脚；

⑤ 将 USB 数据线方头端连到 Arduino UNO 主控板的方头 USB 上；

⑥ 将 USB 数据线另一端（A 型 USB 口）连接到台式电脑或者笔记本电脑的 USB 口上，准备编写、上传程序到设备（Arduino UNO 主控板）。

项目硬件连接示意图如图 14-7 所示。

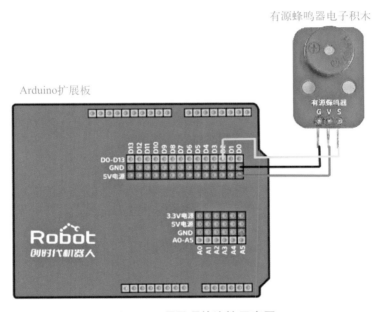

图 14-7　项目硬件连接示意图

图形化编程

准备步骤与上传程序到设备参考 4.3 节，项目的 Mind+ 程序，如图 14-8 所示。

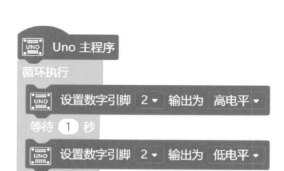

图 14-8　项目的 Mind+ 程序

蜂鸣器电子
积木演示

运行现象

代码上传完成后，会听到一高一低的报警声，如同汽车报警器发出的声音。

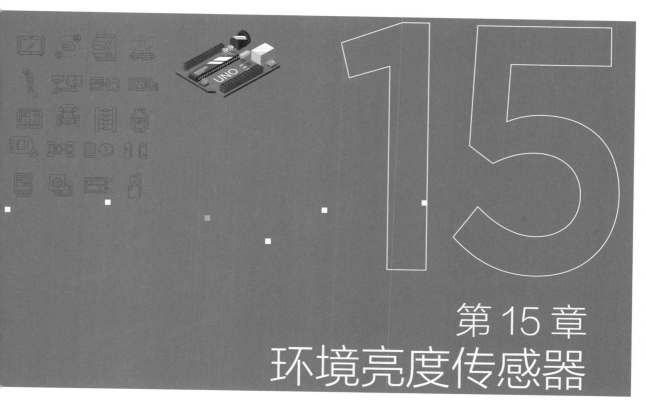

第 15 章
环境亮度传感器

　　通过上一章的学习，相信大家掌握了 Arduino 主控板控制各种电子积木的硬件连接操作和软件编程设计。在此基础上，我们开始学习 Arduino 主控板与各种传感器的硬件连接与软件编程，进入自然界各种物理信号与电子信号相互转换的传感器世界。下面学习 Arduino 控制环境亮度传感器。

　　环境亮度传感器又称环保型光敏电阻，采用特制滤光环氧树脂封装，光谱响应特性类似于人眼，随着光照度变化线性比例输出，具有一定的温度稳定性。环境亮度传感器对环境光线最敏感，一般用来检测周围环境的光线亮度等；也可广泛应用于各种光控电路，比如调节灯光、调节电视 / 照相机 / LCD 显示器 / 手机等电子设备的背景光。

　　本项目中使用到的环境亮度传感器实物图如图 15-1 所示。

图 15-1　环境亮度传感器实物图

环境亮度传感器的硬件电路图如图 15-2 所示。

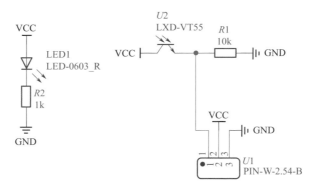

图 15-2 环境亮度传感器电路图

环境亮度传感器的尺寸如图 15-3 所示。

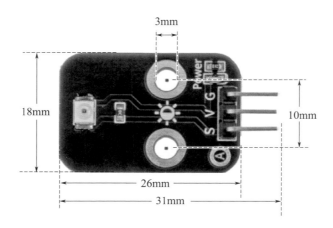

图 15-3 环境亮度传感器尺寸

环境亮度传感器的参数如图 15-4 所示。

引脚名称	描述
G	GND(电源输入负极)
V	VCC(电源输入正极)
S	模拟信号引脚

- 供电电压：3.3V/5V
- 连接方式：2.54mm排针
- 安装方式：双螺钉固定

图 15-4 环境亮度传感器参数

所需硬件

项目所需硬件如表 15-1 所示。

表15-1　项目所需硬件

硬件	硬件图
1×Arduino UNO 主控板 （以及配套 USB 数据线）	
1× 扩展板	
1× 环境亮度传感器	

续表

硬件	硬件图
1×LED 灯电子积木	
若干彩色杜邦线（母对母）	

15.2

硬件连接

本项目使用 PWM 引脚控制 LED 灯的亮度逐渐变化。

① 准备 Arduino UNO 主控板、扩展板、USB 数据线、环境亮度传感器、LED 灯电子积木、若干杜邦线；

② 将环境亮度传感器的"V"引脚连到扩展板上任意一个"5V"电源引脚；

③ 将环境亮度传感器的"G"引脚连到扩展板上任意一个"GND"引脚；

④ 注意，通过图 15-4 参数表可得知，环境亮度传感器的"S"引脚是模拟信号引脚，因此环境亮度传感器的"S"引脚连到扩展板"A0"模拟引脚；

⑤ 将 LED 灯电子积木的"V"引脚连到扩展板上任意一个"5V"电源引脚；

⑥ 将 LED 灯电子积木的"G"引脚连到扩展板上任意一个"GND"引脚；

⑦ 将 LED 灯电子积木的"S"引脚连接到扩展板"D3"引脚（PWM 输出引脚）；

⑧ 将 USB 数据线方头端连到 Arduino UNO 主控板的方头 USB 上；

⑨ 将 USB 数据线另一端（A 型 USB 口）连接到台式电脑或者笔记本电脑的 USB 口上，准备编写、上传程序到设备（Arduino UNO 主控板）。

项目硬件连接示意图如图 15-5 所示。

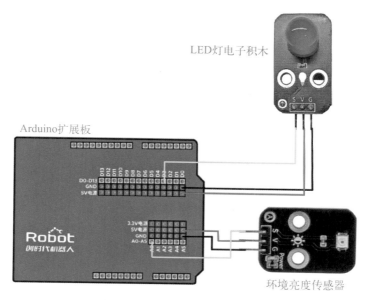

图 15-5　项目硬件连接示意图

图形化编程

在本项目编程中，涉及的指令如表 15-2 所示。

表15-2　项目使用的关键指令列表

所属模块	指令（积木）	指令功能
变量	变量 my float variable	存放可以变化的值，右键点击切换其他变量
	设置 my float variable ▾ 的值为 0	可给变量输入不同的数。点击下拉倒三角可以选择不同的变量

续表

所属模块	指令（积木）	指令功能
Arduino	读取模拟引脚 A0 ▼	读取模拟引脚指令，得到连续变化的数字。可给 PWM 引脚作为输出
	设置pwm引脚 3 ▼ 输出 200	设置 PWM 引脚输出值指令。通过 PWM 信号可以控制亮度（输出值的范围在 0 ～ 255）
运算符	映射 0 从[0 , 1023]到[0 , 255]	映射积木指令：将 0 ～ 1023 之间的数字对应成 0 ～ 255 之间的数字

在本项目中，需要用到变量，因此下面先在 Mind+ 中新建变量，然后再进行本项目的图形化编程。

（1）新建变量

① 在 Mind+ 主界面上点击"变量"→"新建数字类型变量"，具体参考 8.3 节。

② 输入合适的变量名。本项目定义的变量名为"SensorValue"和"Light"分别如图 15-6、图 15-7 所示。

图 15-6 本项目中用到的第 1 个变量命名

图 15-7 本项目中用到的第 2 个变量命名

③ "SensorValue"和"Light"变量已经建立好，出现在主界面左侧积木区，等待使用，如图 15-8 所示。

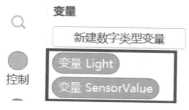

图 15-8　建立好的 2 个变量

（2）本项目的图形化编程

准备步骤与上传程序到设备参考 4.3 节，项目的 Mind+ 程序，如图 15-9 所示。

```
(1) "SensorValue" 为环境亮度传感器采集的真实光照值；
(2) "Light" 是将SensorValue压缩到255-0范围内的光照值；
(3) 程序运行现象：当手遮住环境亮度传感器时，Light值变大，
                 LED灯变亮；当光线变强时，Light值变小，
                 LED灯变暗。❶
```

```
Uno 主程序
设置 SensorValue ▾ 的值为 0
设置 Light ▾ 的值为 0
循环执行
    设置 SensorValue ▾ 的值为  [UNO] 读取模拟引脚 A0 ▾
    设置 Light ▾ 的值为  映射 变量 SensorValue 从[ 40 , 890 ]到[ 255 , 0 ]
    [UNO] 设置pwm引脚 3 ▾ 输出 变量 Light
    等待 0.3 秒
```

图 15-9　项目的 Mind+ 主程序

15.4

运行现象

环境亮度传
感器演示

　　代码上传完成后，运行现象是：在白天时或者强光下，LED 灯不亮或者灯光很暗；在用手遮住环境亮度传感器或者黑夜时，LED 灯逐渐变亮。

---

❶ 此黄色背景中的文字为"注释"（用于解释该段程序的含义），在 Mind+ 编程区可右击鼠标选择"添加注释"菜单项进行添加。

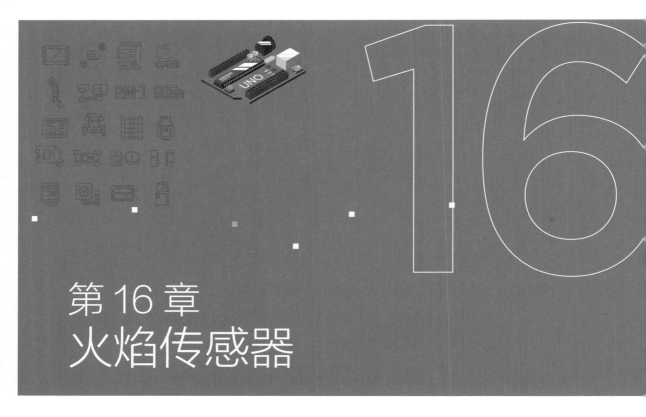

第 16 章
火焰传感器

本章开始学习使用 Arduino 主控板和扩展板控制火焰传感器。

酒店、建筑物和其他公共场所都配备了火灾报警器，那么它是如何感知火灾的呢？ 当火灾爆发时，会有特别强烈的红外线，火焰传感器探测到 760 ~ 1100nm 范围内的火焰光，进而探测到火灾。火焰传感器是专门用来搜寻火源的传感器，当然也可以用来检测光线的亮度，只是该传感器对火焰特别灵敏。火焰传感器利用红外线对火焰非常敏感的特点，使用特制的红外线接收管来检测火焰，然后把火焰的亮度转化为高低变化的电平信号，我们可以将这些信号输入到 Arduino 中做出相应的程序处理。

本项目中使用到的火焰传感器实物图如图 16-1 所示。

图 16-1　火焰传感器实物图

火焰传感器的硬件电路图如图 16-2 所示。

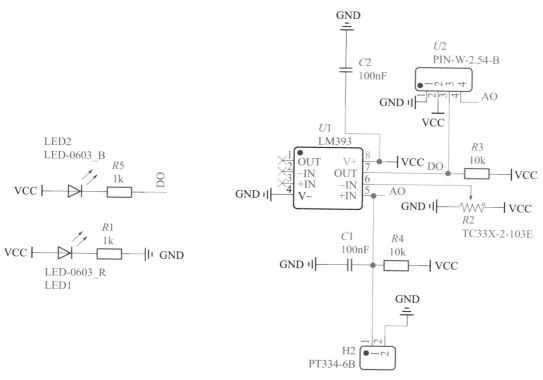

图 16-2　火焰传感器硬件电路图

火焰传感器的尺寸如图 16-3 所示。

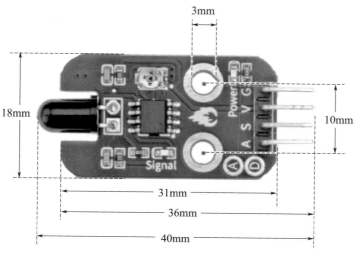

图 16-3　火焰传感器尺寸

火焰传感器的参数如图 16-4 所示。

引脚名称	描述
G	GND(电源输入负极)
V	VCC(电源输入正极)
S	数字信号引脚
A	模拟信号引脚

- 供电电压：3.3V/5V
- 连接方式：2.54mm排针
- 安装方式：双螺钉固定

图 16-4　火焰传感器参数

所需硬件

项目所需硬件如表 16-1 所示。

表16-1　项目所需硬件

硬件	硬件图
1×Arduino UNO 主控板（以及配套 USB 数据线）	

续表

硬件	硬件图
1× 扩展板	
1× 火焰传感器	
1× 有源蜂鸣器电子积木	
若干彩色杜邦线（母对母）	

16.2

硬件连接

① 准备 Arduino UNO 主控板、扩展板、USB 数据线、火焰传感器、有源蜂鸣器电子积木、若干杜邦线；

② 将火焰传感器"V"引脚连到扩展板任意一个"5V"电源引脚；

③ 将火焰传感器的"G"引脚连到扩展板任意一个"GND"引脚；

④ 将火焰传感器的"S"引脚连到扩展板"D4"引脚；

⑤ 将有源蜂鸣器电子积木的"V"引脚连到扩展板上任意一个"5V"电源引脚；

⑥ 将有源蜂鸣器电子积木"G"引脚连到扩展板任意一个"GND"引脚；

⑦ 将有源蜂鸣器电子积木的"S"引脚连到扩展板"D2"引脚；

⑧ 将 USB 数据线方头端连到 Arduino UNO 主控板的方头 USB 上；

⑨ 将 USB 数据线另一端（A 型 USB 口）连接到台式电脑或者笔记本电脑的 USB 口上，准备编写、上传程序到设备（Arduino UNO 主控板）。

项目硬件连接示意图如图 16-5 所示。

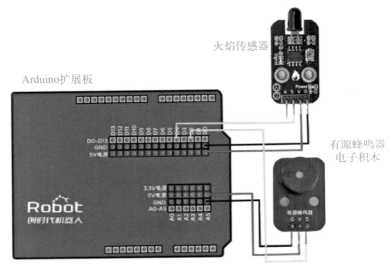

图 16-5　项目硬件连接示意图

图形化编程

准备步骤与上传程序到设备参考 4.3 节，项目的 Mind+ 程序如图 16-6 所示。

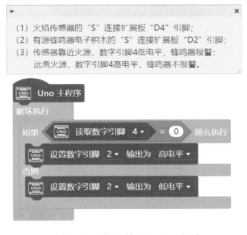

图 16-6　项目的 Mind+ 程序

16.4

运行现象

如图 16-7 所示，在火焰传感器模块通电的情况下，用螺丝刀调节模块的电位器，当感应到火焰时，传感器信号指示蓝灯亮，当没有感应到火焰时模块信号指示蓝灯熄灭。

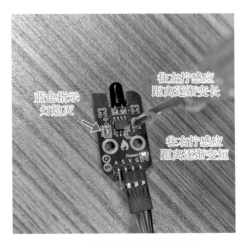

图 16-7　调节火焰传感器灵敏度

代码上传完成后，使用打火机模拟火源靠近火焰传感器，此时火焰传感器检测到火焰，数字引脚 4 输出低电平 0，蜂鸣器响起；当打火机远离火焰传感器，火焰传感器没有检测到火焰时，数字引脚 4 输出高电平 1，蜂鸣器不响。火焰传感器的模拟值会根据火焰大小和与火焰距离的近远而变化；当读取的模拟值小于阈值时，输出低电平，如果大于阈值，则输出高电平。阈值大小可以通过调节可调电阻的大小来调节。

火焰传感器
演示

第17章
红外避障传感器

本章学习使用 Arduino 主控板和扩展板控制红外避障传感器。

该传感器对环境光适应能力强，其具有一对红外线发射管与接收管。发射管发射出一定频率的红外线，当在检测方向上遇到障碍物（反射面）时，红外线反射回来被接收管接收，经过比较器电路处理之后，蓝色指示灯会亮起，同时信号输出接口输出数字信号（一个低电平信号）。可通过电位器旋钮调节检测距离，有效距离范围 为 1 ～ 50mm，工作电压为 3.3 ～ 5V。该传感器的探测距离可以通过电位器调节，具有干扰小、便于装配、使用方便等特点，可以广泛应用于机器人避障、避障小车及流水线计数等众多场合。

本项目中使用到的红外避障传感器实物图如图 17-1 所示。

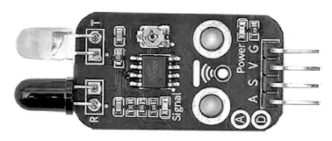

图 17-1　红外避障传感器实物图

红外避障传感器的硬件电路图如图 17-2 所示。

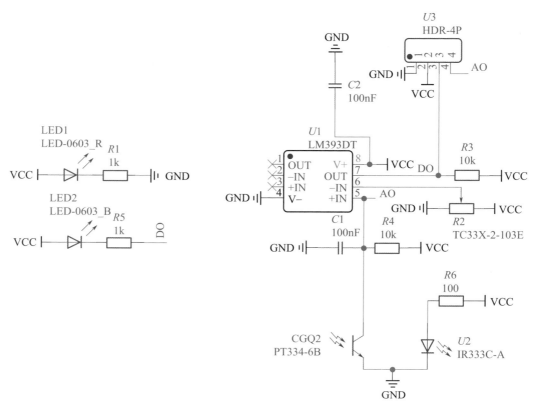

图 17-2　红外避障传感器硬件电路图

红外避障传感器的尺寸如图 17-3 所示。

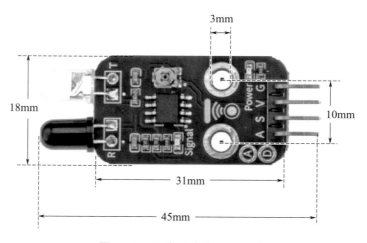

图 17-3　红外避障传感器尺寸

红外避障传感器的参数如图 17-4 所示。

引脚名称	描述
G	GND(电源输入负极)
V	VCC(电源输入正极)
S	数字信号引脚
A	模拟信号引脚

- 供电电压：3.3V/5V
- 连接方式：2.54mm排针
- 安装方式：双螺钉固定

图 17-4 红外避障传感器参数

17.1

所需硬件

项目所需硬件如表 17-1 所示。

表17-1 项目所需硬件

硬件	硬件图
1×Arduino UNO 主控板（以及配套 USB 数据线）	

硬件	硬件图
1×扩展板	
1×红外避障传感器	
1×LED 灯电子积木	
若干彩色杜邦线（母对母）	

硬件连接

① 准备 Arduino UNO 主控板、扩展板、USB 数据线、红外避障传感器、LED 灯电子积木、若干杜邦线；

② 将红外避障传感器 "V" 引脚连到扩展板任意一个 "5V" 电源引脚；

③ 将红外避障传感器的"G"引脚连到扩展板任意一个"GND"引脚；

④ 将红外避障传感器的"S"引脚连到扩展板"D3"引脚；

⑤ 将 LED 灯电子积木的"V"引脚连到扩展板上任意一个"5V"电源引脚；

⑥ 将 LED 灯电子积木"G"引脚连到扩展板任意一个"GND"引脚；

⑦ 将 LED 灯电子积木的"S"引脚连到扩展板"D2"引脚；

⑧ 将 USB 数据线方头端连到 Arduino UNO 主控板的方头 USB 上；

⑨ 将 USB 数据线另一端（A 型 USB 口）连接到台式电脑或者笔记本电脑的 USB 口上，准备编写、上传程序到设备（Arduino UNO 主控板）。

项目硬件连接示意图如图 17-5 所示。

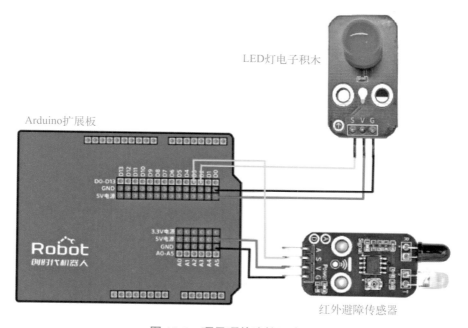

图 17-5　项目硬件连接示意图

图形化编程

准备步骤与上传程序到设备参考 4.3 节，项目的 Mind+ 程序，如图 17-6 所示。

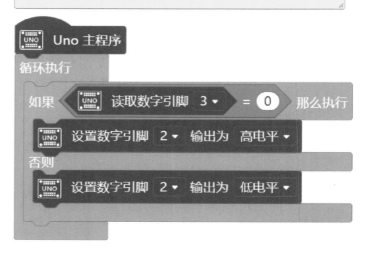

(1) 红外避障传感器的 "S" 连接扩展板 "D3" 引脚；
(2) LED灯电子积木的 "S" 连接扩展板 "D2" 引脚；
(3) 用手靠近该传感器，LED灯亮；远离则LED灯灭。

图 17-6　项目的 Mind+ 程序

运行现象

　　代码上传完成后，运行现象是：当红外避障传感器探头检测到障碍物（或者用手靠近该传感器）时，LED 灯被点亮；当红外避障传感器探头未检测到前方有障碍物（或者手远离该传感器）时，LED 灯熄灭。

　　如图 17-7 所示，可以调节红外避障的距离，用螺丝刀调节红外避障传感器的电位器，使手指离红外避障探头 20mm 左右时，传感器信号指示蓝灯亮；手指在探头 20mm 距离外时，传感器信号指示蓝灯熄灭。注意：红外避障传感器的红外发射和接收探头受环境光干扰较大，不要在阳光太强的环境下运行。

图 17-7　调节红外避障距离

红外避障传感
器演示

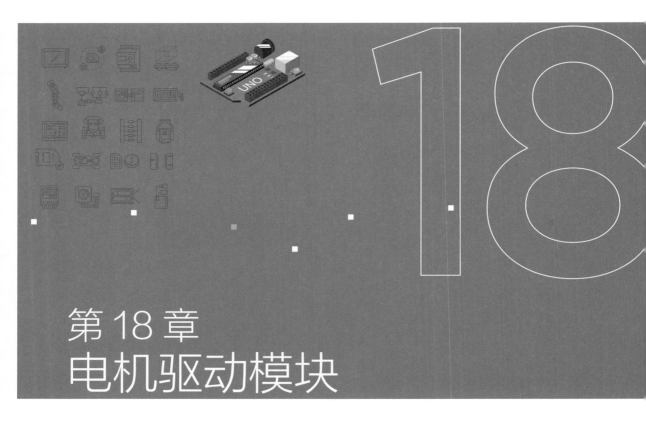

第18章
电机驱动模块

本章学习使用 Arduino 主控板和扩展板控制一种很常见的执行器——电机（又称马达）。

电机驱动模块由一个 L9110S 芯片来控制和驱动小型直流电机。该芯片具有两个输入端子，具有抗干扰特性和高电流驱动能力，两个输出端子可直接驱动小型直流电机，每个输出端口可提供 750 ～ 800mA 动态电流，其峰值电流可达 1.5 ～ 2.0A。因此 L9110S 电机驱动芯片广泛应用于各种电机驱动器，如玩具车、机器人等。

本项目中使用到的电机驱动模块实物图如图 18-1 所示。

图 18-1　电机驱动模块实物图

电机驱动模块的硬件电路图如图 18-2 所示。

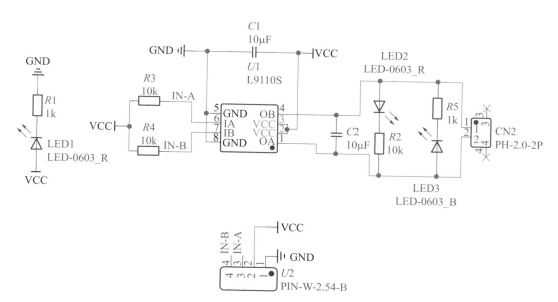

图 18-2　电机驱动模块硬件电路图

电机驱动模块的尺寸如图 18-3 所示。

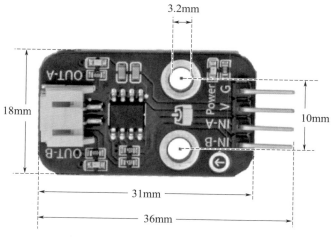

图 18-3　电机驱动模块尺寸

电机驱动模块的参数如图 18-4 所示。

引脚名称	描述
G	GND(电源输入负极)
V	VCC(电源输入正极)
IN-A	电机控制信号引脚A
IN-B	电机控制信号引脚B

- 供电电压：3.3V/5V
- 连接方式：2.54mm排针
- 安装方式：双螺钉固定

图 18-4   电机驱动模块参数

所需硬件

项目所需硬件如表 18-1 所示。

表18-1   项目所需硬件

硬件	硬件图
1×Arduino UNO 主控板 （以及配套 USB 数据线）	
1× 扩展板	

续表

硬件	硬件图
1× 电机驱动模块	
1× 小型直流电机	
1× 风扇扇叶	
若干彩色杜邦线（母对母）	

18.2

硬件连接

① 准备 Arduino UNO 主控板、扩展板、USB 数据线、电机驱动模块、直流电机、风扇扇叶、若干杜邦线；

② 将电机驱动模块的"V"引脚连到扩展板上任意一个"5V"电源引脚；

③ 将电机驱动模块的"G"引脚连到扩展板上任意一个"GND"引脚；

④ 将电机驱动模块的"IN-A"引脚连到扩展板上"D3"引脚（PWM 输出引脚）；

⑤ 将电机驱动模块的"IN-B"引脚连到扩展板上"D5"引脚（PWM 输出引脚）；

⑥ 将电机引线端子插接到电机驱动模块上的 PH2.0 端子座里；

⑦ 将风扇扇叶插接到电机轴上；

⑧ 将扩展板插接到 Arduino UNO 主控板上（注意插接方向）；

⑨ 将 USB 数据线方头端连到 Arduino UNO 主控板的方头 USB 上；

⑩ 将 USB 数据线另一端（A 型 USB 口）连接到台式电脑或者笔记本电脑的 USB 口上，准备编写、上传程序到设备（Arduino UNO 主控板）。

项目硬件连接示意图如图 18-5、图 18-6 所示。

图 18-5　风扇扇叶、电机、电机驱动模块连接示意图

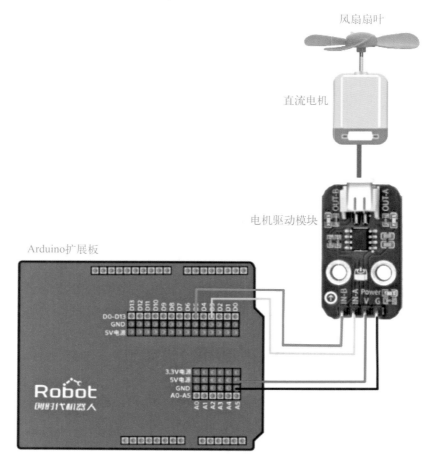

图 18-6　项目硬件连接示意图

18.3

图形化编程

准备步骤与上传程序到设备参考 4.3 节，项目的 Mind+ 程序如图 18-7 所示。

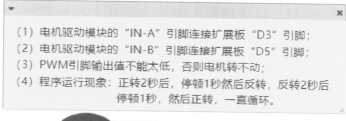

（1）电机驱动模块的 "IN-A" 引脚连接扩展板 "D3" 引脚；
（2）电机驱动模块的 "IN-B" 引脚连接扩展板 "D5" 引脚；
（3）PWM引脚输出值不能太低，否则电机转不动；
（4）程序运行现象：正转2秒后，停顿1秒然后反转，反转2秒后停顿1秒，然后正转，一直循环。

图 18-7　项目的 Mind+ 程序

运行现象

代码上传完成后，运行现象是：电机正转 2 秒后，停顿 1 秒，然后反转，反转 2 秒后，停顿 1 秒，然后正转，一直循环。

以上是直流电机的基本理论和编程。直流电机不仅可以正转和反转，其速度还可以调节。此外，还可以使用所学的知识做更多更棒的科创作品。

电机驱动模块
演示

超声波测距模块

本章学习使用 Arduino 主控板和扩展板控制 HC-SR04 型号的超声波测距模块。

声音是由物体振动产生的声波,振动停止,发声也停止。发声的物体叫声源。声音可以通过固体、液体、气体这些介质传播,但是声音不能在真空中传播,因为真空中没有声音传播所需要的介质。声波的计量单位为频率,是指声波每秒的振动次数,称为赫兹(Hz)。如图 19-1 所示,人的耳朵所能听到的声波频率为 20 ~ 20000Hz,频率小于 20Hz 的声波称为次声波,频率大于 20000Hz 的声波称为超声波,人耳均无法听见。

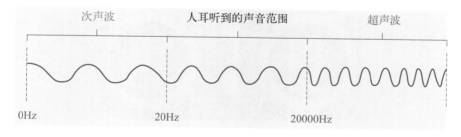

图 19-1　声音频率图

超声波由于具有频率高、波长短、绕射现象小、方向性好、能够成为射线而定向传播等特点,广泛应用于机器人测距、小车避障等场合。本章项目利用超声波测量与障碍物的距离。

如图 19-2 所示，HC-SR04 超声波测距模块由两个超声波探头和放大电路（放大电信号）等组成。超声波测距原理与雷达测距原理相似。其原理是发射探头向某一方向发射超声波，在发射的同时开始计时，超声波在空气中传播，途中碰到障碍物就立即返回来，超声波接收器收到反射波就立即停止计时。超声波在空气中的传播速度为 340m/s，根据计时器记录的时间 t（单位：s），就可以计算出发射点距障碍物的距离 s（单位：m）。其测距公式如下：

$$s = (340 \times t) \div 2 \tag{19-1}$$

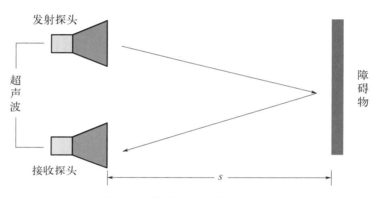

图 19-2　超声波测距原理示意图

超声波传感器型号众多，本项目使用一个比较常用的超声波测距模块 HC-SR04。HC-SR04 带有 1 个超声波发射探头、1 个超声波接收探头以及控制电路，测量范围是 20 ～ 4000mm，测量精度可达 3mm。其实物图如图 19-3 所示。

图 19-3　HC-SR04 超声波测距模块实物图

HC-SR04 超声波测距模块的硬件电路图如图 19-4 所示。

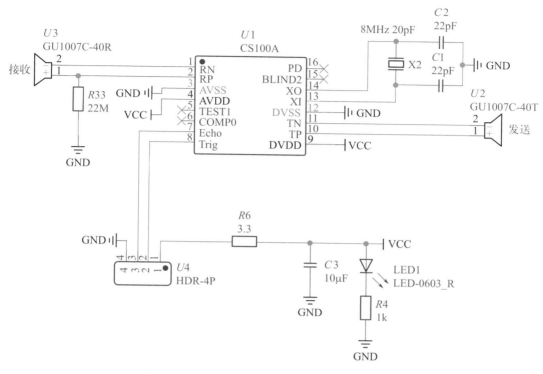

图 19-4　HC-SR04 超声波测距模块硬件电路图

HC-SR04 超声波测距模块的尺寸如图 19-5 所示。

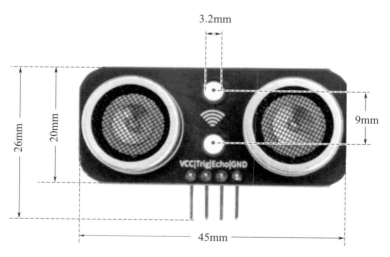

图 19-5　HC-SR04 超声波测距模块尺寸

HC-SR04 超声波测距模块的参数如图 19-6 所示。

引脚名称	描述
VCC	VCC(电源输入正极)
Trig	控制端
Echo	接收端
GND	GND(电源输入负极)

- 供电电压：3.3V/5V
- 连接方式：2.54mm排针
- 安装方式：双螺钉固定

图 19-6　HC-SR04 超声波测距模块参数

HC-SR04 超声波测距模块的引脚参数详细解释如下。

① VCC——电源输入正极（5V）。

② Trig——控制端：用于发射超声波脉冲，通过将此引脚设置为至少高电平 10μs，模块启动发射超声波脉冲。

③ Echo——接收端：当发射超声波时，此引脚变为高电平，直到模块接收到回波，此时该引脚会变成低电平，通过测量 Echo 引脚保持高电平的时间，即可计算出距离。

④ GND——电源输入负极。

Arduino UNO 主控板控制 HC-SR04 超声波测距模块的具体过程如图 19-7 所示。

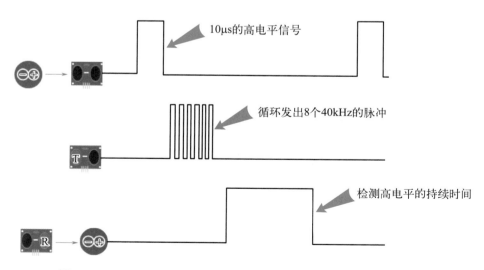

图 19-7　Arduino UNO 主控板控制 HC-SR04 超声波测距模块过程

① Arduino UNO 主控板向 HC-SR04 超声波测距模块的 Trig 端子发送

10μs 高电平信号；

② HC-SR04 超声波测距模块被触发工作，其发射探头朝某一方向发射超声波信号；

③ HC-SR04 超声波测距模块发射超声波信号的同时，Arduino UNO 主控板开始计时；

④ 超声波碰到障碍物后立即返回，HC-SR04 模块的接收探头接收到被障碍物反射回来的信号后，Arduino UNO 主控板立即停止计时；

⑤ HC-SR04 超声波测距模块的 Echo 引脚高电平持续时间就是超声波信号在空气中的传播时间，然后根据式（19-1）即可计算出距离。

所需硬件

项目所需硬件如表 19-1 所示。

表19-1　项目所需硬件

硬件	硬件图
1×Arduino UNO 主控板（以及配套 USB 数据线）	
1× 扩展板	

续表

硬件	硬件图
1× 超声波测距模块	
1×LED 灯电子积木	
若干彩色杜邦线（母对母）	

19.2

硬件连接

① 准备 Arduino UNO 主控板、扩展板、USB 数据线、HC-SR04 超声波测距模块、LED 灯电子积木、若干杜邦线；

② 将超声波测距模块 "VCC" 引脚连到扩展板任意一个 "5V" 电源引脚；

③ 将超声波测距模块的 "GND" 引脚连到扩展板任意一个 "GND" 引脚；

④ 将超声波测距模块的 "Trig" 引脚连到扩展板 "A0" 引脚；

⑤ 将超声波测距模块的 "Echo" 引脚连到扩展板 "A1" 引脚；

⑥ 将 LED 灯电子积木的 "V" 引脚连到扩展板上任意一个 "5V" 电源引脚；

⑦ 将 LED 灯电子积木 "G" 引脚连到扩展板任意一个 "GND" 引脚；

⑧ 将 LED 灯电子积木的 "S" 引脚连到扩展板 "D2" 引脚；

⑨ 将 USB 数据线方头端连到 Arduino UNO 主控板的方头 USB 上；

⑩ 将 USB 数据线另一端（A 型 USB 口）连接到台式电脑或者笔记本电

脑的 USB 口上，准备编写、上传程序到设备（Arduino UNO 主控板）。

项目硬件连接示意图如图 19-8 所示。

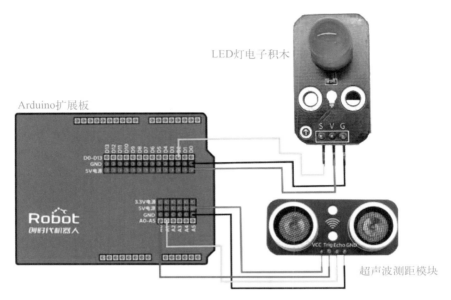

图 19-8　项目硬件连接示意图

在本项目编程中，涉及指令区的指令如表 19-2 所示。

表19-2　项目使用的关键指令列表

所属模块	指令（积木）	指令功能
传感器	读取超声波传感器距离 单位 厘米 ▼ trig为 4 ▼ echo为 5 ▼	超声波测距指令：当超声波测距模块的 Trig 和 Echo 引脚接好后，可读取超声波传感器与障碍物的距离（单位：cm）

图形化编程

准备步骤与上传程序到设备参考 4.3 节。对于本项目，在选择主控板后，还应加载"超声波测距传感器"模块。如图 19-9 所示,点击左下角"扩展",在先选择"Arduino Uno"主控板的前提下,再选择"传感器"→"超声波测距传感器",然后点击"返回",便能在积木区看见已经加载了超声波测距传感器积木模块。

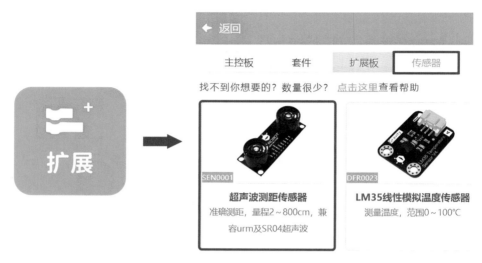

图 19-9　点击"扩展"→"传感器"→"超声波测距传感器"

项目的 Mind+ 程序如图 19-10 所示。

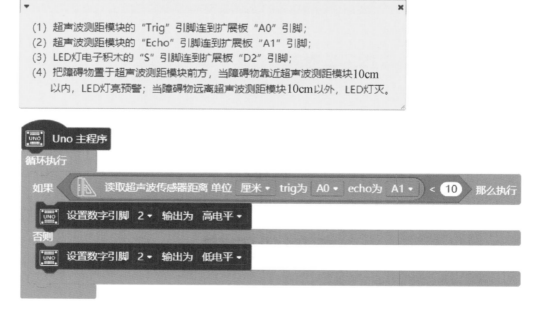

图 19-10　项目的 Mind+ 程序

运行现象

　　代码上传完成后，运行现象是：把障碍物（例如用手、硬纸板等模拟）置于超声波测距模块前方，当障碍物靠近超声波测距模块 10cm 以内时，LED灯亮预警；当障碍物与超声波测距模块的距离超过 10cm 时，LED灯灭。

超声波测距
模块演示

第 20 章
四位数码管显示模块

本章学习使用 Arduino 主控板和扩展板控制一种很常见的显示器——四位数码管显示模块。

数码管又称 LED 数码管，是一种常见的用来显示数字的电子元件，通常由七段发光二极管（LED）封装在一起组成"8"字形状，外加一个小数点。数码管根据其显示数字的位数，通常有一位数码管、二位数码管、四位数码管（位就是"个"的意思）等，如图 20-1 所示。

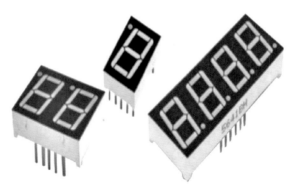

图 20-1　数码管实物图

如图 20-2 所示，一位数码管通常有两排引脚，每排 5 个，共 10 个引脚。其中每排最中间的引脚是公共端"COM"引脚（即 3 号和 8 号引脚内部电路相连作为公共端），剩下的 8 个引脚分别对应数码管上的 8 个笔画，每一个笔画就是一个 LED 灯（LED 灯被制作成笔画形状）。根据"COM"引脚所接的不同，将数码管分为共阳极数码管和共阴极数码管。

图 20-2　一位数码管引脚图

如图 20-3、图 20-4 所示，当数码管为共阳极数码管时，"COM"引脚接"5V"电源引脚，每一个笔画输入低电平，则该笔画被点亮；输入高电平，则该笔画被熄灭。当数码管为共阴极数码管时，"COM"引脚接"GND"引脚，每一个笔画输入高电平，则该笔画被点亮；输入低电平，则该笔画被熄灭。数码管应用广泛，常用于电动玩具、机器人、汽车仪表盘等场合。

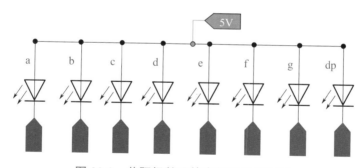

图 20-3　共阳极数码管内部连接示意图

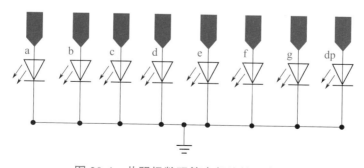

图 20-4　共阴极数码管内部连接示意图

如图 20-5 所示，数码管每一个字段（笔画）被编号为 a、b、c、d、e、f、g、dp。若想显示数字 "0"，需要点亮数码管 a、b、c、d、e 和 f 共 6 个字段；若想显示数字 "1"，需要点亮数码管 b 和 c 共 2 个字段；若想显示数字 "2"，需要点亮数码管 a、b、g、e 和 d 共 5 个字段。依此类推，数码管显示数字 0 ～ 9 需要被点亮的字段以及这些字段对应的数码管引脚如图 20-6 所示。

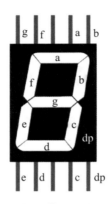

图 20-5　数码管字段编号示意图

显示的数字	点亮的字段编号	对应的数码管引脚
0	a、b、c、d、e、f	7、6、4、2、1、9
1	b、c	6、4
2	a、b、g、e、d	7、6、10、1、2
3	a、b、g、c、d	7、6、10、4、2
4	f、g、b、c	9、10、6、4
5	a、f、g、c、d	7、9、10、4、2
6	a、f、e、d、c、g	7、9、1、2、4、10
7	a、b、c	7、6、4
8	a、b、c、d、e、f、g	7、6、4、2、1、9、10
9	g、f、a、b、c、d	10、9、7、6、4、2

图 20-6　被点亮的字段及对应的引脚示意图

四位数码管可以认为是把四个一位数码管封装在一起形成的。它一共有 12 个引脚，其中有 8 个是字段引脚，4 个是位引脚（也可以称为公共端 COM）。四位数码管的外观和引脚编号如图 20-7 所示。

图 20-7　四位数码管实物及引脚图

　　四位数码管的控制电路如图 20-8 所示。引脚 1、2、3、4、5、7、10、11 为字段引脚（又称段选引脚），引脚 6、8、9、12 为四个数码管的位引脚（又称位选引脚）。

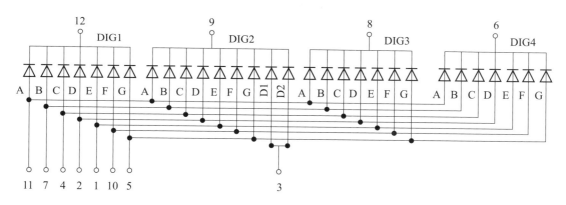

图 20-8　四位数码管内部连接示意图

　　四位数码管控制方式主要有两种，分别为静态显示和动态显示。

（1）静态显示

　　静态显示是每个数码管的每一个字段都由一个 Arduino 数字接口进行控制。当需要显示时，显示字形可一直保持，直到送入新字形码为止。

（2）动态显示

　　动态显示是将所有数码管的 8 个笔画 a、b、c、d、e、f、g、dp 的同名端连在一起，另外为每个数码管的公共引脚 COM 增加位选通控制电路，当 Arduino 数字接口输出字形码时，所有数码管都接收到相同的字形码，但究竟是哪个数码管会显示出字形，取决于 Arduino 对位选通 COM 端电路的控制，所以只要将需要显示数码管的选通控制打开，该位数码管就显示出字形，没有选通的数码管就不会亮。通过分时轮流控制各个数码管的 COM 端，使各个数码管轮流受控显示，这就是动态显示原理。在轮流显示过程中，每位数码管的点亮时间为 1 ～ 2ms，由于人的视觉暂留现象及发光二极管的余辉效应，尽管实际上各位数码管并非同时点亮，但只要扫描的速度足够快，给人的印象就是一组稳定的显示数字，不会有闪烁感，动态显示的效果和静态显示是一样的。

本项目中使用到的四位数码管显示模块主要由一个 0.36in（1in=2.54cm）、红色、共阳极的 4 位数码管和 1 个 TM1650 控制芯片组成。该模块工作电压为 5V，工作电流为 100mA。使用时，只需要 2 根信号线即可通过 Arduino UNO 主控板控制该显示模块工作，能大大节约主控板数字接口资源。其实物图如图 20-9 所示。

图 20-9   四位数码管显示模块实物图

四位数码管显示模块的硬件电路图如图 20-10 所示。

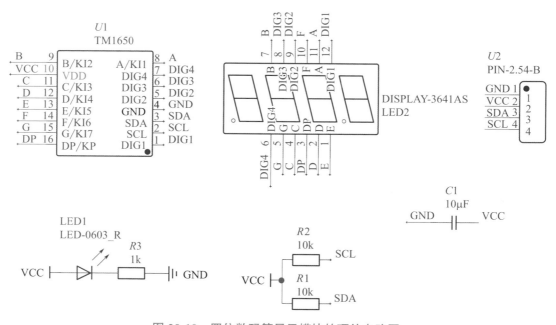

图 20-10   四位数码管显示模块的硬件电路图

四位数码管显示模块的尺寸如图 20-11 所示。

图 20-11　四位数码管显示模块尺寸

四位数码管显示模块的参数如图 20-12 所示。

引脚名称	描述
VCC	VCC(电源输入正极)
GND	GND(电源输入负极)
SDA	双向数据通信引脚
SCL	时钟信号通信引脚

- 供电电压：3.3V/5V
- 连接方式：2.54mm排针
- 安装方式：双螺钉固定

图 20-12　四位数码管显示模块参数

所需硬件

项目所需硬件如表 20-1 所示。

表20-1　项目所需硬件

硬件	硬件图
1×Arduino UNO 主控板 （以及配套 USB 数据线）	
1× 四位数码管显示模块	
若干彩色杜邦线（母对母）	

20.2

硬件连接

① 准备 Arduino UNO 主控板、USB 数据线、四位数码管显示模块、若干杜邦线；

② 将四位数码管显示模块的"VCC"引脚连到 Arduino UNO 主控板上右侧插针"5V"电源引脚（具体见图 20-13 的硬件连接示意图）；

③ 将四位数码管显示模块的"GND"引脚连到 Arduino UNO 主控板上右侧插针"GND"引脚；

④ 将四位数码管显示模块的"SDA"引脚连到 Arduino UNO 主控板上右侧插针"SDA"引脚；

⑤ 将四位数码管显示模块的"SCL"引脚连到 Arduino UNO 主控板上右侧插针"SCL"引脚；

⑥ 将 USB 数据线方头端连到 Arduino UNO 主控板的方头 USB 上；

⑦ 将 USB 数据线另一端（A 型 USB 口）连接到台式电脑或者笔记本电脑的 USB 口上，准备编写、上传程序到设备（Arduino UNO 主控板）。

项目硬件连接示意图如图 20-13 所示。

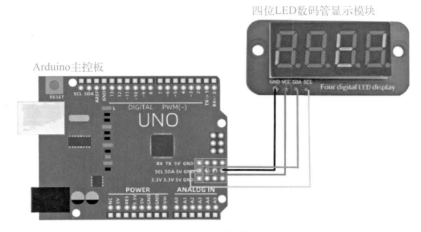

图 20-13　项目硬件连接示意图

20.3

图形化编程

在本项目编程中，涉及指令区的指令如表 20-2 所示。

表20-2　项目使用的关键指令列表

所属模块	指令（积木）	指令功能
 显示器	初始化TMI1650显示器 I2C地址0x34	数码管初始化通信地址指令，在操作数码管显示前直接使用，不需要改变参数
	四位数码管_TM1650 开	四位数码管 TM1650 开 / 关 / 清屏
	四位数码管_TM1650显示字符串 "1234"	四位数码管 TM1650 显示字符串"1234"
	四位数码管_TM1650第 1 个小数点 亮	四位数码管 TM1650 点亮第几个小数点

准备步骤与上传程序到设备参考 4.3 节，对于本项目，在选择"Arduino Uno"主控板后，还要选择"TM1650 四位数码管"。如图 20-14 所示，选择"显示器"→"TM1650 四位数码管"。

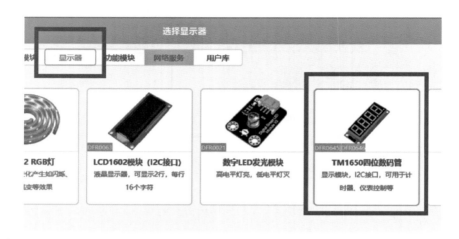

图 20-14　点击"显示器"并选择"TM1650 四位数码管"

项目的 Mind+ 程序如图 20-15 所示。

图 20-15　项目的 Mind+ 程序

运行现象

代码上传完成后，运行现象是：首先显示"1234"3 秒后，再显示"5.678"3 秒，重复循环。

以上是四位数码管显示的基本理论和编程。四位数码管不仅可以显示整数和小数，还可以显示时间，用来完成电子时钟的设计。

四位数码管显
示模块演示

第4篇
综合实战篇

第 21 章
综合项目一：智能节能风扇

经过前面章节的理论学习和硬件电路搭建，大家学习了 LED 灯、按钮、蜂鸣器、RGB LED 灯、电位器、舵机等元器件的使用和控制，实现了对 Arduino 硬件编程的快速入门；通过原理学习和硬件连接，大家学习了 LED 灯电子积木、蜂鸣器电子积木、多种传感器、超声波测距模块、电机驱动模块、四位数码管显示模块等复杂电路模块的使用和控制，完成了对 Arduino 硬件编程的逐渐进阶。下面通过三个项目进行 Arduino 硬件编程综合实战，来检验大家掌握 Arduino 硬件编程的能力和水平。

项目背景

数据显示，进入 20 世纪 80 年代后，全球气温明显上升。大气中的二氧化碳排放量增加是造成地球气候变暖的根源，所以想要阻止地球变暖，要从我们自身做起、从小事做起。前几天中午吃饭的时候，因为天气太热了，小明同学开启了电风扇，一边吃饭一边吹着电扇，很舒服。但是他吃完饭就离开了，忘记了关闭风扇，风扇就一直在那转着。直到发现的时候，已经过去了好久，这期间不但浪费了电能，还增加了二氧化碳的排放。这样下去可不行，忘记关电扇，或者忘记关电视机、空调、电灯等，这些都是会造成浪费和环境污染的坏习惯，怎样才能减少这些污染和碳排放呢？于是小明同学打算制作一个智能节能风扇：当有人靠近时，风扇转动，同时可以通过调节电位器来改变风扇的转速；当人远离时，风扇停止转动。这相当于模拟"自动感应"节能风扇。

项目所需硬件

项目所需硬件如表 21-1 所示。

表21-1　项目所需硬件

硬件	硬件图
1×Arduino UNO 主控板（以及配套 USB 数据线）	
1× 扩展板	

续表

硬件	硬件图
1× 红外避障传感器	
1× 电机驱动模块	
1× 小型直流电机	
1× 风扇扇叶	
1× 可调电位器	
若干彩色杜邦线（母对母）	

21.3

项目硬件连接

① 准备 Arduino UNO 主控板、扩展板、USB 数据线、红外避障传感器、

电机驱动模块、直流电机、风扇扇叶、可调电位器、若干杜邦线；

　　② 将红外避障传感器"V"引脚连到扩展板任意一个"5V"电源引脚；

　　③ 将红外避障传感器的"G"引脚连到扩展板任意一个"GND"引脚；

　　④ 将红外避障传感器的"S"引脚连到扩展板"D6"引脚；

　　⑤ 将电机驱动模块的"V"引脚连到扩展板上任意一个"5V"电源引脚；

　　⑥ 将电机驱动模块的"G"引脚连到扩展板上任意一个"GND"引脚；

　　⑦ 将电机驱动模块的"IN-A"引脚连到扩展板上"D3"引脚（PWM 输出引脚）；

　　⑧ 将电机驱动模块的"IN-B"引脚连到扩展板上"D5"引脚（PWM 输出引脚）；

　　⑨ 如图 21-1、图 21-2 所示，将电机引线端子插接到电机驱动模块上的 PH2.0 端子座里；

　　⑩ 将风扇扇叶插接到电机轴上；

　　⑪ 将可调电位器的"V"引脚连到扩展板上任意一个"5V"电源引脚；

　　⑫ 将可调电位器的"G"引脚连到扩展板上任意一个"GND"引脚；

　　⑬ 将可调电位器的"S"引脚连到扩展板"A0"引脚；

　　⑭ 将扩展板插接到 Arduino UNO 主控板上（注意插接方向）；

　　⑮ 将 USB 数据线方头端连到 Arduino UNO 主控板的方头 USB 上；

　　⑯ 将 USB 数据线另一端（A 型 USB 口）连接到台式电脑或者笔记本电脑的 USB 口上，准备编写、下载程序。

　　综合项目硬件连接示意图如图 21-1、图 21-2 所示。

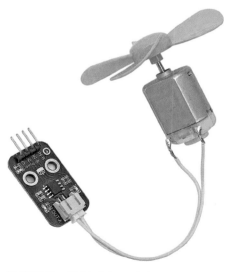

图 21-1　风扇扇叶、直流电机、电机驱动模块连接示意图

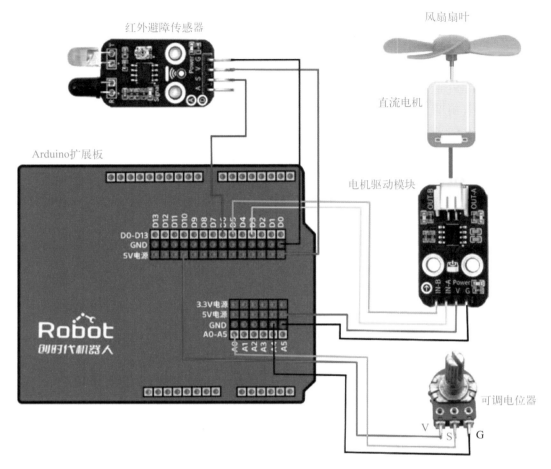

图 21-2   综合项目硬件连接示意图

项目软件流程图

　　本综合项目的软件编程逻辑为：通电后，智能节能风扇进入工作状态，当有人靠近时，风扇转动，同时可以通过调节电位器来改变风扇的转速；当人远离时，风扇停止转动，模拟"自动感应"节能风扇。其软件流程图如图 21-3 所示。

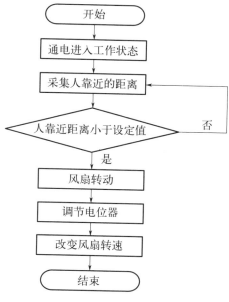

图 21-3　综合项目软件流程图

21.5

项目图形化编程

准备步骤与上传程序到设备参考 4.3 节，综合项目的 Mind+ 程序如图 21-4 所示。

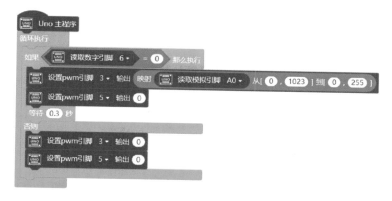

图 21-4　综合项目的 Mind+ 程序

项目运行现象

如图 21-5 所示，首先用螺丝刀调节红外避障传感器的电位器，使手指离红外避障探头 20mm 左右时，传感器信号指示蓝灯亮；手指与探头距离超过 20mm 时，传感器信号指示蓝灯熄灭（注意：红外避障传感器的红外发射探头和红外接收探头受环境光干扰较大，不应在阳光太强的环境下运行）。

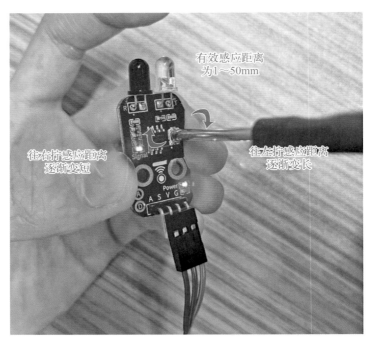

图 21-5　调节红外避障距离

代码上传完成后，运行现象是：通电后，智能节能风扇进入工作状态，当模拟有人靠近时，红外避障传感器检测到人的存在，此时控制电机转动，进而风扇转动，同时可以通过调节电位器来改变风扇的转速；当人远离时，风扇停止转动。整个项目实物图如图 21-6 所示。

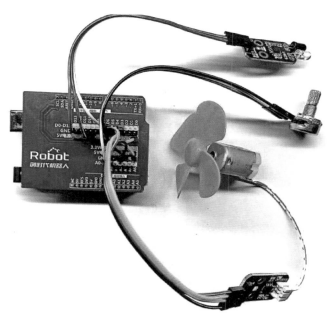

图 21-6　综合项目整体实物图

综合项目一：
智能节能风扇
演示

第 22 章
综合项目二：智能火灾报警系统

项目背景

在城市不断发展背景下，由于建筑物的高度集中，预防火灾显得至关重要。常见的火灾报警器分为感烟式火灾报警器（根据火灾发生时产生的烟雾）、感光式火灾报警器（根据火灾发生时发出的强光）、感温式火灾报警器（根据火灾发生时室内温度升高）。本章的综合项目制作一个感光式智能火灾报警系统：通过火焰传感器实时探测火源的光，当没有火灾发生时，绿色LED 灯亮，蜂鸣器不响；当发生火灾时，火焰传感器探测到 760 ～ 1100nm 范围内火源光，此时红色 LED 灯闪烁，蜂鸣器响起，进行报警，需及时采取措施将火灾控制或消灭在初期阶段。

项目所需硬件

项目所需硬件如表 22-1 所示。

表22-1　项目所需硬件

硬件	硬件图
1×Arduino UNO 主控板 （以及配套 USB 数据线）	
1× 扩展板	
1× 火焰传感器	

续表

硬件	硬件图
2×LED 灯电子积木	
1× 蜂鸣器电子积木	
若干彩色杜邦线（母对母）	

22.3

项目硬件连接

① 准备 Arduino UNO 主控板、扩展板、USB 数据线、火焰传感器、蜂鸣器电子积木、LED 红灯电子积木、LED 绿灯电子积木、若干杜邦线；

② 将火焰传感器"V"引脚连到扩展板任意一个"5V"电源引脚；

③ 将火焰传感器的"G"引脚连到扩展板任意一个"GND"引脚；

④ 将火焰传感器的"S"引脚连到扩展板"D4"引脚；

⑤ 将蜂鸣器电子积木的"V"引脚连到扩展板上任意一个"5V"电源引脚；

⑥ 将蜂鸣器电子积木的"G"引脚连到扩展板上任意一个"GND"引脚；

⑦ 将蜂鸣器电子积木的"S"引脚连到扩展板上"D5"引脚；

⑧ 将 LED 绿灯电子积木的"V"引脚连到扩展板上任意一个"5V"电源引脚；

⑨ 将 LED 绿灯电子积木的"G"引脚连到扩展板上任意一个"GND"引脚；

⑩ 将 LED 绿灯电子积木的"S"引脚连到扩展板上"D3"引脚；

⑪ 将 LED 红灯电子积木的"V"引脚连到扩展板上任意一个"5V"电源引脚；

⑫ 将 LED 红灯电子积木的"G"引脚连到扩展板上任意一个"GND"引脚；

⑬ 将 LED 红灯电子积木的"S"引脚连到扩展板上"D2"引脚；

⑭ 将扩展板插接到 Arduino UNO 主控板上（注意插接方向）；

⑮ 将 USB 数据线方头端连到 Arduino UNO 主控板的方头 USB；

⑯ 将 USB 数据线另一端（A 型 USB 口）连接到台式电脑或者笔记本电脑的 USB 口上，准备编写、上传程序到设备（Arduino UNO 主控板）。

综合项目硬件连接示意图如图 22-1 所示。

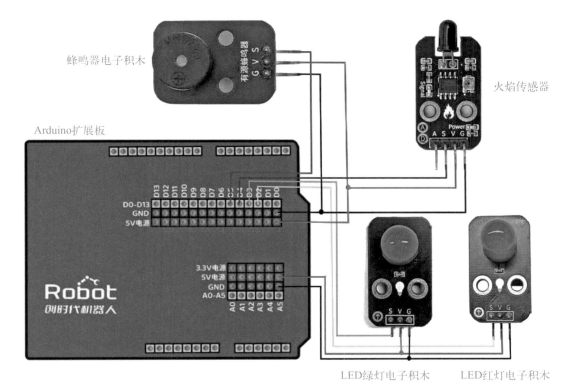

图 22-1　综合项目硬件连接示意图

项目软件流程图

本综合项目的软件编程逻辑为：通过火焰传感器实时探测火源的光，当没有火灾发生时，绿色 LED 灯亮，蜂鸣器不响；当发生火灾时，火焰传感器探测到火源光，此时红色 LED 灯闪烁，蜂鸣器响起，进行报警。其软件流程图如图 22-2 所示。

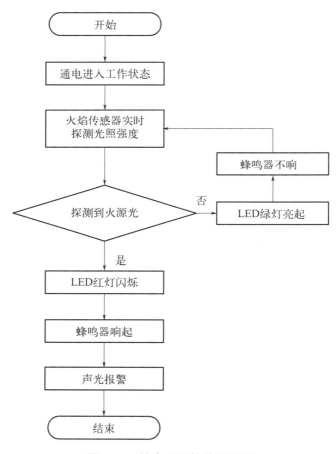

图 22-2 综合项目软件流程图

项目图形化编程

准备步骤与上传程序到设备参考 4.3 节，综合项目的 Mind+ 程序如图 22-3 所示。

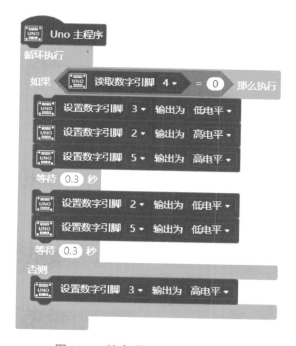

图 22-3 综合项目的 Mind+ 程序

项目运行现象

综合项目二：
智能火灾报警
系统演示

如图 22-4 所示，在火焰传感器模块通电的情况下，用螺丝刀调节模块的电位器，当感应到火焰时，传感器信号指示蓝灯亮；当没有感应到火焰时，模块信号指示蓝灯熄灭。

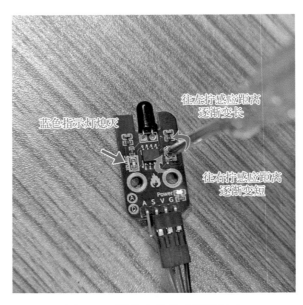

图 22-4　调节火焰传感器灵敏度

代码上传完成后，使用打火机模拟火源靠近火焰传感器，此时火焰传感器检测到火焰，LED 红灯闪烁，同时蜂鸣器响起，进行报警；当打火机远离火焰传感器，没有检测到火焰时，LED 绿灯亮起，蜂鸣器不响。火焰传感器检测阈值大小可以通过调节可调电阻的大小来调节。整个项目实物图如图 22-5 所示。

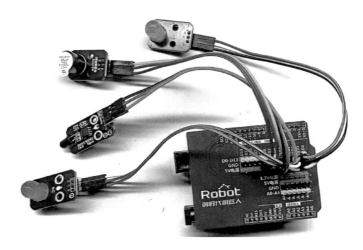

图 22-5　综合项目整体实物图

第 23 章
综合项目三：智能倒车雷达

项目背景

　　近年来，随着我国经济的不断发展，人们的生活质量也随之提升，汽车已经成为家庭生活中不可或缺的工具。汽车在为日常出行提供便利的同时，也会随之带来一些令人烦恼的问题，比如停车麻烦，尤其是在不知道距身后的障碍物还有多远的时候。

　　在当前人工智能（AI）技术快速发展和落地的背景下，设计制作一个智能倒车雷达系统，可以解决停车不方便的实际问题，减少停车过程中与障碍物的碰撞，实现自动泊车效果。

项目具体方案

针对汽车停车到车位或者车库不方便这一具体问题，基于 STEM 理念，通过动脑构想、动手设计和实践，设计"智能倒车雷达"综合项目。使用乐高积木搭建"智能汽车"机械平台；采用 Arduino UNO 主控板、扩展板、超声波测距模块、电机驱动模块、直流电机、LED 灯电子积木、蜂鸣器电子积木、四位数码管显示模块等搭建项目电子硬件平台、通过 Mind+ 图形化编程完成项目软件设计，最终实现如下功能：模拟无人驾驶汽车行驶在道路上，前方遇到障碍物（行人或者车辆等），在数码管上实时显示与障碍物之间的距离（单位：cm），当距离低于某一阈值（设定为 10cm）时，LED 灯亮起，同时蜂鸣器响起预警，智能汽车停止前进，模拟完成智能倒车雷达的任务。项目实物图如图 23-1 所示。

图 23-1　综合项目实物图

本综合项目主要包括三大部分：机械平台搭建、电子硬件平台搭建、软件编程。

项目机械平台搭建

本综合项目的机械平台部分，涉及乐高积木搭建，采用小颗粒乐高积木搭建一个"汽车"模型。

（1）用到的积木

用到的基础积木块主要如图 23-2 所示。

图 23-2　用到的基础积木块

（2）搭建过程

"汽车"模型的具体搭建步骤如图 23-3 所示。

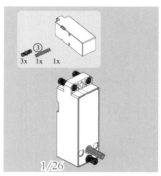

1/26

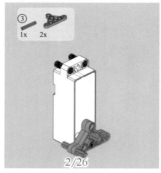

2/26

3/26

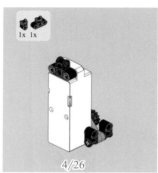

4/26

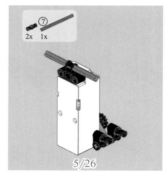

5/26

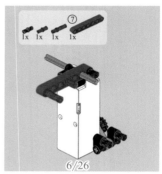

6/26

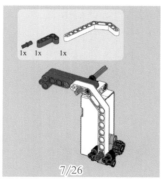

7/26

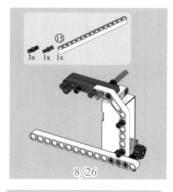

8/26

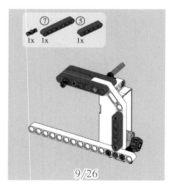

9/26

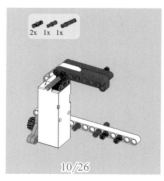

10/26

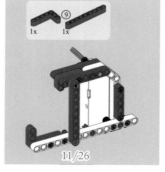

11/26

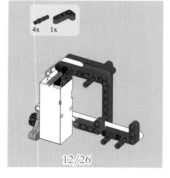

12/26

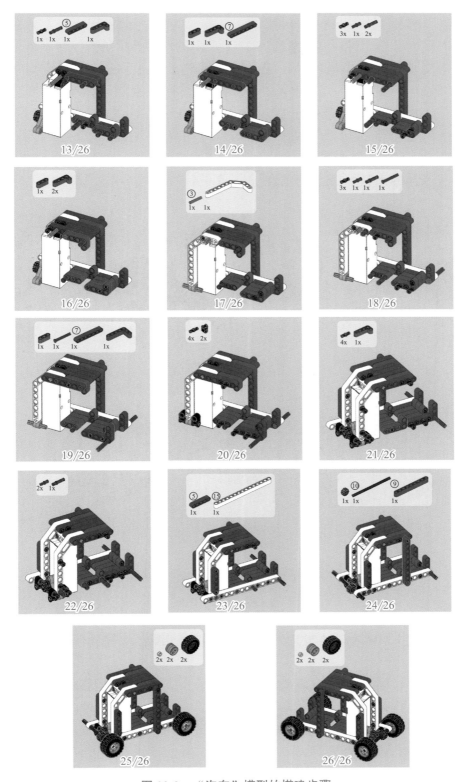

图 23-3　"汽车"模型的搭建步骤

（3）搭建涉及的机械原理

在"汽车"模型具体搭建过程中，汽车的驱动轮（前轮）设计，使用齿轮啮合的传动方式，更具体地，驱动轮使用到了齿轮垂直啮合的传动方式。

如图 23-4（a）所示，齿轮是一种轮缘上有齿且能连续啮合传递动力的机械零件。齿轮上每一个用于啮合的凸起部分称为轮齿，一般叫齿，这些凸起部分一般呈辐射状排列，配对齿轮上的轮齿互相接触，可使齿轮持续啮合运转。在齿轮的整个圆周上，轮齿的总数称为齿数，如图 23-4（b）所示。能够相互啮合的齿轮齿的大小必须是一样的。

(a) 各式各样的齿轮

| 8齿 | 16齿 | 24齿 | 40齿 |

(b) 齿轮的齿数

图 23-4　各式各样的齿轮及齿轮的齿数

齿轮的种类多种多样，按照外形一般分为平齿轮、冠齿轮、涡轮，如图 23-5 ～图 23-7 所示。齿轮啮合方式分为平行啮合、垂直啮合，如图 23-8、图 23-9 所示。

两齿轮平行啮合时，其转动方向相反。当大齿轮作为主动轮顺时针转动时，小齿轮作为从动轮逆时针转动。当多个齿轮逐一啮合时，第一个、第三个、第五个等第单数个齿轮转动方向相同，第一个与第二个、第四个等第双数个齿轮转动方向相反。例如，如图 23-10 所示，①号、②号、③号逐一进行啮合，则①号和②号齿轮转动方向相反，②号和③号齿轮转动方向相反，所以①号和③号齿轮转动方向相同。

图 23-5　平齿轮

图 23-6　冠齿轮

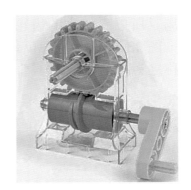

图 23-7　涡轮

图 23-8　平行啮合

图 23-9　垂直啮合

图 23-10　多齿轮啮合转动情况

能够相互啮合的齿轮齿的大小必须一样，所以相互啮合的齿轮中直径大的齿轮，齿数多一些，直径小的齿轮齿数会少一些。但齿轮在传动的过程中转过的齿数是一样的，直径大的齿轮转动一周，直径小的齿轮转动好几周，所以直径大的齿轮带动直径小的齿轮时，转速会变快，称为加速齿轮，如图 23-11 所示。相反地，直径小的齿轮带动直径大的齿轮时，转速会变慢，称之为减速齿轮。

图 23-11　加速齿轮

　　假设小齿轮与大齿轮的齿数比为 1∶5，两个齿轮啮合方式传动，所转动的齿数相同。大齿轮的齿数多，小齿轮的齿数少，故大齿轮转动一周时，小齿轮转动 5 周，所以转速是 1∶5，小齿轮转速快。

　　圆周运动中在单位时间内转过的弧度，即齿轮每秒转过的角度称为角速度。圆周运动中在单位时间内转过的曲线长度称为线速度。圆周运动中在单位时间内转过的圈数称为转速。因此在不同情况下，分析这三者之间的大小关系：

　　① 在齿轮啮合方式传动下，转动的齿数相同，故而线速度相同，角速度和转速则依齿轮大小而判断，齿轮越大，角速度和转速越小。

　　② 在同一根轴上的两个齿轮传动，由于同轴转动的速度相同，所以角速度和转速相同，而线速度根据齿轮大小判断，齿轮越大，线速度越大。

　　齿轮传动的优点：

　　① 可以准确无误地传递动力，齿轮传动时，是通过齿轮啮合，主动轮转动一个齿，从动轮跟着转动一个齿，这样的传递方式能保证运动的准确性。

　　② 齿轮传动力大，齿轮传动通过齿轮与齿轮之间的啮合，传动力大于皮带等传动装置。

　　③ 结构紧凑，适用于近距离传动，不能直接啮合时，可以通过多个齿轮传动。

　　齿轮传动的缺点：

　　① 噪声大：齿轮传动力大，所以产生的噪声较大。

② 易损坏：变速时，由于传动力大，齿轮的轮齿容易断裂。

项目硬件连接

本综合项目的电子硬件平台部分，主要用到的硬件如表 23-1 所示。

表23-1　项目所需硬件

硬件	硬件图
1×Arduino UNO 主控板 （以及配套 USB 数据线）	
1× 扩展板	

续表

硬件	硬件图
1× 超声波测距模块	
1× 电机驱动模块	
1× 小型直流电机（含外壳）	
1×LED 灯电子积木	
1× 蜂鸣器电子积木	
1× 四位数码管显示模块	
若干彩色杜邦线（母对母）	

具体硬件连接过程如图 23-12 所示。

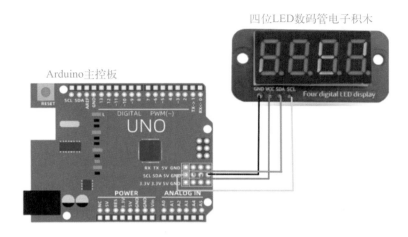

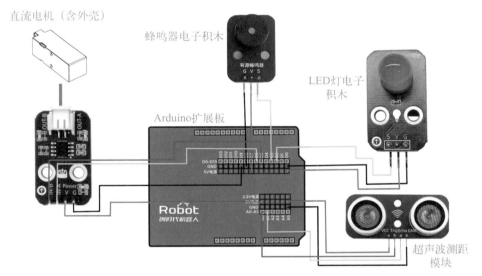

图 23-12　综合项目硬件连接示意图

① 准备 Arduino UNO 主控板、扩展板、USB 数据线、超声波测距模块、电机驱动模块、小型直流电机（含外壳）、LED 灯电子积木、蜂鸣器电子积木、四位数码管显示模块、若干杜邦线；

② 将四位数码管显示模块的 "VCC" 引脚连到 Arduino UNO 主控板上右侧插针 "5V" 电源引脚（具体见图 23-12 的硬件连接示意图）；

③ 将四位数码管显示模块的 "GND" 引脚连到 Arduino UNO 主控板上右侧插针 "GND" 引脚；

④ 将四位数码管显示模块的 "SDA" 引脚连到 Arduino UNO 主控板上右

侧插针"SDA"引脚；

　　⑤ 将四位数码管显示模块的"SCL"引脚连到 Arduino UNO 主控板上右侧插针"SCL"引脚；

　　⑥ 将超声波测距模块的"VCC"引脚连到扩展板任意一个"5V"电源引脚；

　　⑦ 将超声波测距模块的"GND"引脚连到扩展板任意一个"GND"引脚；

　　⑧ 将超声波测距模块的"Trig"引脚连到扩展板"A0"引脚；

　　⑨ 将超声波测距模块的"Echo"引脚连到扩展板"A1"引脚；

　　⑩ 将电机驱动模块的"V"引脚连到扩展板上任意一个"5V"电源引脚；

　　⑪ 将电机驱动模块的"G"引脚连到扩展板上任意一个"GND"引脚；

　　⑫ 将电机驱动模块的"IN-A"引脚连到扩展板上"D6"引脚；

　　⑬ 将电机驱动模块的"IN-B"引脚连到扩展板上"D5"引脚；

　　⑭ 将电机引线端子插接到电机驱动模块上的 PH2.0 端子座里；

　　⑮ 将蜂鸣器电子积木的"V"引脚连到扩展板上任意一个"5V"电源引脚；

　　⑯ 将蜂鸣器电子积木的"G"引脚连到扩展板上任意一个"GND"引脚；

　　⑰ 将蜂鸣器电子积木的"S"引脚连到扩展板上"D3"引脚；

　　⑱ 将 LED 灯电子积木"V"引脚连到扩展板上任意一个"5V"电源引脚；

　　⑲ 将 LED 灯电子积木的"G"引脚连到扩展板上任意一个"GND"引脚；

　　⑳ 将 LED 灯电子积木的"S"引脚连到扩展板上"D2"引脚；

　　㉑ 将扩展板插接到 Arduino UNO 主控板上（注意插接方向）；

　　㉒ 将 USB 数据线方头端连到 Arduino UNO 主控板的方头 USB；

　　㉓ 将 USB 数据线另一端（A 型 USB 口）连接到台式电脑或者笔记本电脑的 USB 口上，准备编写、上传程序到设备（Arduino UNO 主控板）。

项目图形化编程

（1）软件流程图设计

前面通过乐高小颗粒积木搭建了机械平台——"汽车"模型，通过

Arduino UNO 主控板、扩展板、超声波测距模块、电机驱动模块、小型直流电机（含外壳）、LED 灯电子积木、蜂鸣器电子积木、四位数码管显示模块搭建了项目电子硬件平台，为了实现汽车探测障碍物、实时显示与障碍物之间的距离、低于设定距离声光报警等功能，还需 Mind+ 图形化编程来实现。

　　本综合项目的软件编程逻辑为：模拟汽车在倒车时，遇到障碍物（行人或者车辆等），在数码管上实时显示与障碍物之间的距离（单位：cm），当距离低于某一阈值（设定为 10cm）时，LED 灯亮起，同时蜂鸣器响起预警，模拟完成智能倒车雷达系统的任务。其软件流程图如图 23-13 所示。

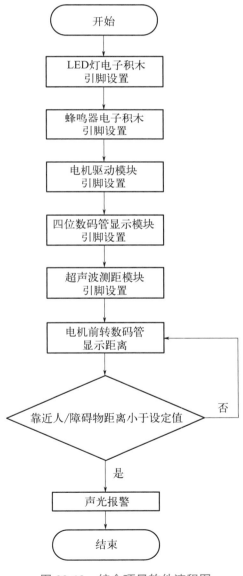

图 23-13　综合项目软件流程图

（2）Mind+ 图形化编程

本综合项目的 Mind+ 图形化程序如图 23-14 所示。

图 23-14　项目的 Mind+ 程序

编写好程序后，单击主界面中的"上传到设备"按钮，将程序上传到 Arduino UNO 主控板上。

项目运行现象

代码上传完成后，通电即可使"汽车"开始工作，四位数码管实时显示前方的障碍物距离，当靠近障碍物小于 10cm 时，LED 灯亮起、蜂鸣器响起报警，同时电机停止转动，"汽车"刹车，此时四位数码管显示距离小于 10cm。整个项目运行实物图如图 23-15 所示。

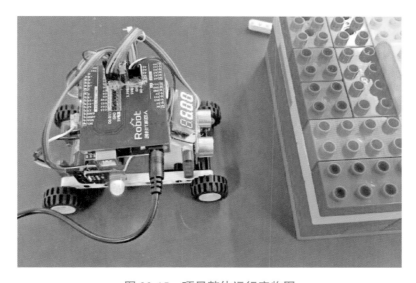

图 23-15　项目整体运行实物图

综合项目三：
智能倒车
雷达演示